南武鉄道モハ100のこと

南武鉄道は現在のJR東日本南武線の前身、いわゆる買収国電である。もっとも「買収国電」という言い回しも、日本国有鉄道が分割民営化されて早や30年が経過し、いまや死語になっている。1906(明治39)年３月31日公布の鉄道国有法によって多くの私鉄が国有化されて国鉄線の体制が整ったのだが、地方鉄道の中には買収されなかったものが多く残されていた。その後、太平洋戦争の勃発と共に、残されていた中堅私鉄の多くがいわゆる戦時買収として国有化されていき、それは敗戦の色彩が濃くなった1944(昭和19)年まで続いた。

戦時買収された路線の多くが電化鉄道で、それらの各社は旅客輸送には電車を使用しており、国有化によっていわゆる「買収国電」が誕生した。このとき国電に仲間入りしたのは、国鉄宇部・小野田線になる宇部鉄道、今はLRTが走る国鉄富山港線に引き継がれる富山地方鉄道富岩線(旧・富岩鉄道)、京浜工業地帯を走る鶴見線になる鶴見臨港鉄道、豊川鉄道・鳳来寺鉄道・三信鉄道・伊那電気鉄道の４鉄道は飯田線となって一つの電車区間としては当時最長を誇った。青梅電気鉄道は国

鉄青梅線に、南武鉄道は南武線としてともに首都圏の交通網に組み込まれ、宮城電気鉄道は東北初の国電である仙石線になった。現在、特急電車が快走する阪和線は南海鉄道山手線(旧・阪和電気鉄道)を引き継いだもの、それに既に買収されていた信濃鉄道(大糸線)、広浜鉄道(可部線)、富士身延鉄道(身延線)の電車が国電の仲間入りをした。

買収時期の早かった３鉄道の車輌は国鉄形式の20代や90代を名乗ったが、戦時買収の路線の車輌は1953(昭和28)年の称号規定改正まで買収前のそれぞれの鉄道固有の形式、車輌番号のまま使用された。

これら買収国電は当然ながら国鉄車輌のなかにあっては種々雑多な存在で、いわゆる雑型電車として区分された。そのため廃車は早く、これらの電車たちが車輌不足に悩む地方の中小私鉄の戦後の車輌整備に一役買うことになる。本書では331輌に及ぶ買収国電の電車たちのなかから元南武鉄道のモハ100、15輌に絞って話を進めたいと思う。

矢向車庫に憩う101。今では20m車の６輌編成が走る南武線だが、開業時はこの全長15m足らずの両運転台車が全てであった。
1933.5.7　矢向　P：荻原二郎

1. 南武鉄道小史

JR東日本南武線の前身である南武鉄道は、東京府と神奈川県の境を流れる多摩川から産出される川砂利の輸送を目的に、1919(大正８)年５月５日、免許申請を行ったもので、その名も「多摩川砂利鉄道」といった。設立者は川崎の有力者、秋元喜四郎(1866～1934年)で、発起人群には地元の有力者が名を連ねていた。

秋元喜四郎はかつて堤防が整備されていなかった多摩川の平間地区に堤防を造るため立ち上がった中心的人物で、当時村会議員を務めていた。堤防は秋元たちの陳情が実って1916(大正５)年完成した。

多摩川砂利鉄道の免許は1920(大正９)年１月29日に下付されるが、この時点で会社名を「南武鉄道」に改めている。この時点で予定した区間は川崎町～稲城村間であった。当時予定した動力は蒸気であった。この頃の南武鉄道の資本構成は地元が主体であった。しかし、その後の資金不足から京浜工業地帯生みの親の一人、セメント王といわれた浅野総一郎の手に委ねられた。浅野は奥多摩の山から川崎市臨港部に設けたセメント工場までの石灰石の輸送手段として、既に鶴見臨港鉄道の計画を進め、青梅電気鉄道にも関わっていたので、その中間部に存在する南武鉄道はどうしても必要な路線であった。浅野の系列に入った南武鉄道は立川延長を決めた。

1927(昭和２)年３月９日、川崎～登戸間に待望の電車が走った。南武鉄道のスタートである。車輌は汽車会社で新造したモハ100形６輌、本書の主役である。当初は複線で計画されたが、とりあえず単線での開業であった。

モハ100形は翌1928(昭和３)年に５輌、1931(昭和６)年に４輌が増備され、計15輌がそろった。当時の列車の運行は30分ヘッドで、単行または２輌編成であった。当初の貨物輸送は蒸気機関車牽引で、所有していた１号(省形式1120)と、２号(省形式3255)はともに汽車会社製であった。

南武鉄道はその後、1927(昭和２)年に大丸(現在の南多摩付近)、1928(昭和３)年に屋敷分(現・分倍河原)まで延伸、1929(昭和４)年には立川まで全線が開通した。さらに1930(昭和５)年には尻手から分かれて浜川崎にいたる浜川崎線が開業、山間部から京浜工業地帯の工場までの石灰石の輸送ルートが完成した。

1940(昭和15)年10月には同じグループの五日市鉄道を合併している。立川～武蔵五日市～武蔵岩井間を結ぶ五日市鉄道は、拝島で一旦、青梅電気鉄道に接し、別ルートで立川に至っていて、立川では南武鉄道と同じホームを片側ずつ使っていた。

石灰石輸送列車が走るようになった南武鉄道沿線は、多摩川からの砂利採取が一段落したのちは果樹栽培が盛んな農村地帯に変貌を遂げたが、戦時中は買い出しの人たちであふれた。また沿線に移り住む住民も

武蔵溝ノ口を発車する府中本町行きのモハ100形２輌編成。府中本町の駅前にはこの４年前に東京競馬場が目黒から移転してきていた。蹄鉄型の行先板に注意。
1937.4.29　武蔵溝ノ口　P：宮松金次郎

次第に増え、沿線に多くの工場が進出したこともあって、沿線の人口は増加していく。

戦時下における地方線区の国有化が進んでいたが、電車の走る線区の買収は可部線(旧・広浜鉄道)、身延線(旧・富士身延鉄道)、大糸線(旧・信濃鉄道)を除くといわゆる戦時買収路線であった。南武鉄道は1944(昭和19)年４月、青梅電気鉄道と共に国有化され、国鉄南武線、国鉄五日市線、国鉄青梅線になった。なお、旧・五日市鉄道の立川～拝島間は青梅線の並行路線であり、青梅線の複線化もあり、国有化直後に不要不急路線として立川付近の中央線を越える部分を残して撤去された。

モハ100で元阪神の木造サハを挟んだ３輌編成。　　提供：かながわ鉄道資料保存会

旧・南武鉄道の車輌は戦後、しばらくするとほとんどが他線に転出し、代わって南武線には山手線などからモハ30などの17m車が入線し、その後20m化されて72系、101系、103系、205・209系と変化。1998(平成10) 年には石灰石輸送列車が廃止され、現在は真っ新のE233系8000番代車が６輌編成で疾走するJR東日本の通勤路線になっている。

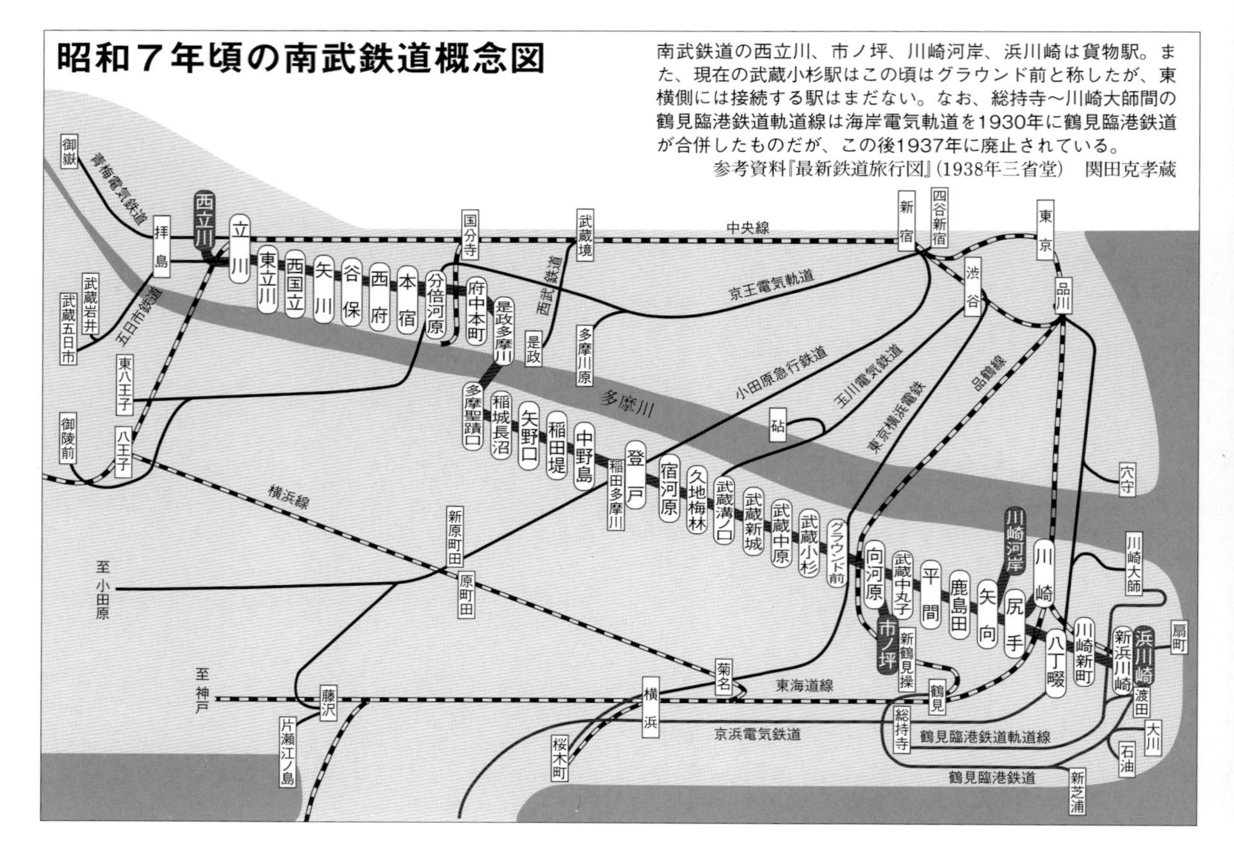

昭和７年頃の南武鉄道概念図

南武鉄道の西立川、市ノ坪、川崎河岸、浜川崎は貨物駅。また、現在の武蔵小杉駅はこの頃はグラウンド前と称したが、東横側には接続する駅はまだない。なお、総持寺～川崎大師間の鶴見臨港鉄道軌道線は海岸電気軌道を1930年に鶴見臨港鉄道が合併したものだが、この後1937年に廃止されている。

参考資料『最新鉄道旅行図』(1938年三省堂)　関田克孝蔵

■戦時買収鉄道(開業線)一覧

戦時買収鉄道とは、第２次世界大戦後期に改正陸運統制令に基づいて国有化された地方私鉄を言う。

国有化年月日	鉄道名	買収時の主な区間と距離	現路線名	買収電車輌数
1943年４月１日	小野田鉄道	小野田〜セメント町間4.6km	小野田線	
1943年５月１日	宇部鉄道	宇部〜小郡間ほか46.5km	宇部線・小野田線	16
〃	小倉鉄道	東小倉〜添田間40.1km	日田彦山線	
1943年６月１日	富山地方鉄道(旧・富岩鉄道)	富山〜岩瀬浜間ほか11.5km	富山港線 → 富山ライトレール	4
〃	播丹鉄道	加古川〜谷川間 加古川〜高砂間 厄神〜三木間 粟生〜北条町間 野村〜鍛冶屋間ほか89.9km	加古川線 高砂線(廃止) 三木線 → 三木鉄道(廃止) 北条線 → 北条鉄道 鍛冶屋線(廃止)	
1943年７月１日	鶴見臨港鉄道	鶴見〜扇町間ほか12.5km	鶴見線	41
〃	産業セメント鉄道	起行〜赤坂間 宮床〜金田間ほか12.5km	後藤寺線 糸田線 → 平成筑豊鉄道	
1943年８月１日	北海道鉄道(二代)	沼ノ端〜辺富内間 沼ノ端〜苗穂間128.6km	富内線(廃止) 千歳線	
〃	伊那電気鉄道	辰野〜天竜峡間79.8km	飯田線	29
〃	三信鉄道	三河川合〜天竜峡間67.0km	飯田線	9
〃	鳳来寺鉄道	長篠〜三河川合間17.2km	飯田線	2
〃	豊川鉄道	吉田〜長篠間ほか32.1km	飯田線	20
1944年４月１日	青梅電気鉄道	立川〜御嶽間ほか29.0km	青梅線	24
〃	南武鉄道(旧・五日市鉄道を含む)	川崎〜立川間 立川〜武蔵岩井間ほか67.6km	南武線 五日市線	41
1944年５月１日	宮城電気鉄道	仙台〜石巻間ほか52.3km	仙石線	24
〃	南海鉄道(旧・阪和電気鉄道)	南海天王寺〜南海東和歌山間ほか62.8km	阪和線	75
〃	西日本鉄道(旧・博多湾鉄道汽船)	西戸崎〜宇美間ほか27.8km	香椎線	
〃	西日本鉄道(旧・筑前参宮鉄道)	吉塚〜筑前勝田間13.4km	勝田線(廃止)	
1944年６月１日	相模鉄道(旧・神中鉄道を除く)	茅ヶ崎〜橋本間ほか35.3km	相模線	
〃	飯山鉄道	豊野〜十日町間75.4km	飯山線	
〃	中国鉄道	岡山〜津山口間 岡山〜西総社間ほか79.7km	津山線 吉備線	
1944年７月１日	胆振縦貫鉄道	伊達紋別〜京極間70.1km	胆振線(廃止)	
			合計	285

電車の買収は上の表のほか、信濃鉄道(→大糸線)10輌、広浜鉄道(→可部線)９輌、富士身延鉄道(→身延線)27輌がある。

戦後も買収国電が長く活躍した富山港線を走るクハ5501＋モハ2000。クハ5500形は元鶴見臨港鉄道モハ210形、モハ2000形は元南武鉄道モハ150形。そして富山港線自体も富岩鉄道が富山地方鉄道を経て買収された路線である。　1965.4　P：田尻弘行

南武鉄道モハ100形１次車にあたるモハ105。立川方を西側から見る。　1939.4.29　矢向　P：宮松金次郎

２. 南武鉄道モハ100 誕生から形式消滅まで

モハ100は南武鉄道の旅客輸送に最初に使用された電車で、汽車製造会社東京で1926(大正15)年から1931(昭和６)年まで３回に分けて製造された。これにより細かくは３種類に分類できるが、ともに全長48ft 3in(３次車14.9m)、自重28トン(３次車28.96トン)、定員90名、主電動機出力62HP(３次車46kW)×４、歯車比3.83、全負荷時における牽引力1,100ポンド(３次車1,940kg)、同速度21.3マイル(３次車34.8km/h)、HL制御の小型車である。製造輌数は15輌と、買収国電の中では元・阪和電気鉄道のモタ300に次いで多い。

それらを趣味的に考察してみたい。

■スタイルについて

モハ100は実に野暮ったい、田舎電車然としたスタイルの持ち主であった。製造を担当した汽車会社東京支店は、もともと鉄道省の技師であった平岡熙(ひらおかひろし)が1890(明治23)年創業したもので、鉄道省などの客貨車を製造した平岡工場を、日本の鉄道創業時の立役者、井上 勝が鉄道庁長官を辞して創業した最初の蒸気機関車メーカーであった汽車会社と1901(明治34)年合併したものである。大阪と東京に２つの工場持つ会社になったが、創業時から運輸省の指定工場で大阪・此花区にあった本社工場では蒸気機関車を製作し、東京支店では主に客電車を担当した。川崎重工業と1972(昭和47)年に合併するまで、多くの電車を生み出し、新幹線では試作車を含め最初から担当している。

モハ100が生まれたのは1926(大正15)年、まだ一部では木造電車も製造されていた時代で、省線でもようやく初めての半鋼製電車であるデハ73200(のちのモハ30)が生まれた時代である。省モハ30は木造電車の流れを受け継いだダブルルーフであるが、当時としては珍しい２段上昇式側窓を備えていた。しかし、当時製造された標準的な半鋼製電車の側窓は１段下降式窓が一般的であり、南武モハ100も例外ではなかった。溶接技術はまだ開発途上にあり、モハ100は当時の多くの半鋼製車輌同様、リベットによる組み立てである。１次・２次車では車体の四隅に肉厚のＬ字鋼材を立て車体を組み上げているが、図面がメートル法に変わった３次車ではこの方式を取らず、外板を丸く仕上げているので、１次・２次車と３次車では少し感じが違っている。

同時期の電車を見回してみると、省のモハ30は別にして、ダブルルーフはさすがに少なくなっており、例外といえるのは既存の木造電車のスタイルを踏襲

■南武鉄道モハ100形一覧表

車号	製造年	国有後の動向	称号改正後※1	国鉄廃車	払下先	払下後動向
101	1926.12	1945年Tc化	−	1951年	東濃鉄道クハ201(1951年)	→高松琴平電気鉄道81(1976年)→1998年廃車
102	〃	1944年Tc化	−	1949年	東濃鉄道クハ202(1951年)※2	→高松琴平電気鉄道82(1976年)→1983年廃車
103	〃	1945年Tc化	−	1949年	東急横浜製作所	構内に放置
104	〃	1945年Tc化	−	1951年	東濃鉄道クハ203(1951年)※2→モハ103	→高松琴平電気鉄道73(1976年)→1983年廃車
105	〃	1945年Tc化	クハ6000	1957年	−	
106	〃		−	1949年	流山鉄道モハ103(1949年)	1979年廃車
107	1928.9		−	1949年	流山鉄道モハ101(1949年)	1978年廃車
108	〃		−	1949年	秩父鉄道クハ21(1950年)	→弘南鉄道モハ2230(1955年) →日立電鉄モハ2230(1962年)→1979年廃車
109	〃	戦災	−	1946年	−	1945年4月15日、矢向電車区で空襲罹災。
110	〃	戦災	−	1946年	−	1945年4月15日、矢向電車区で空襲罹災。
111	〃		−	1949年	東急横浜製作所	構内に放置
112	〃	1945年Tc化	クハ6001	1955年	熊本電気鉄道モハ122(1961年)	1985年廃車
113	1931.3	1951年Tc化	クハ6002	1954年	流山電気鉄道モハ105(1955年)	1979年廃車
114	〃	1951年Tc化	クハ6003	1956年	熊本電気鉄道モハ121(1960年)	1985年廃車
115	〃		−	1949年	流山鉄道モハ102(1950年)	1979年廃車

※1：1953年6月　※2：サハだった時期がある。

した伊那電気鉄道のデ120であった。この頃の関東地区の私鉄、目黒蒲田電鉄のデハ200・300(→東急デハ3150・3200)、東武鉄道のデハ7、小田急のモハ1・モハニ101(→デハ1100・1200)などみな下降式窓である。製造時期が少し遅い富士身延鉄道のモハ100は日本最初の長距離用電車だと思うが、この車は2段上昇式窓を採用している。

南武鉄道のモハ100は、正面は緩いカーブを描いており、運転台は左側にあり、タブレット授受は考えていない設計である。運転台の横にしか乗務員扉がないのは車掌の定位置が客室だったためだろう。ドアエンジンは当時の見聞、乗車体験者の証言などから、付いていなかったと思われる。客用扉の幅は、1次車914mm(メートル換算)、2次車1016mm(メートル換算)、3次車1000mmと少しずつ異なっているが、実際の扉の幅はドアノブの関係などでさらに狭いものであった。

モハ100の車体長は15mを切っている。自重は28トン、3次車では28.9tと少し増加している。東京近郊の鉄道としてはやや小型すぎるようだが、それだけ当時の南武線はローカル色豊かな田舎電車だった証拠のような気がする。

■性能について

制御装置は当時一般的なHL方式、単一複式制御器を取り付け、ブレーキもごく一般的な空気ブレーキで当然手動式ブレーキを備えている。主電動機は一般的な直流直捲電動機46kWを4基装備、歯車比は3.83、

トップナンバーの101、川崎方を西側から見る。この車輌は戦後、東濃鉄道、高松琴平電鉄を渡り歩き、南武モハ100としては最後まで生き残った。
1938.3.27　矢向　P：荻原二郎

国鉄駅の西側、横浜寄に位置した南武鉄道川崎駅を発車するモハ100形。背後には東芝の前身、東京電気川崎工場が広がっていた。
1937年　川崎　P：杵屋栄二(提供：関田克孝)

全負荷性能は牽引力1,940kg、速度は34.8km/hである。台車はP52Fという汽車会社製ボールドウインタイプで、ボールドウイン社製BW-78-25Aの模倣品である。

新造当初は単行または２輌連結で運転されたが、後に他社から譲り受けた木造トレーラーを挟んで３輌編成でも使用されている。戦後は淘汰・譲渡されるものが多く、1953(昭和28)年６月の称号改正後はわずか４輌がクハ6000形として富山港線、可部線で短期間使用されている。

富山港線を行くクハ6000＋モハ1302。クハ6000は８頁の南武モハ105の晩年の姿である。連結しているモハ1302は元宇部鉄道モハ24。
P：奥野利夫(提供：久保　敏)

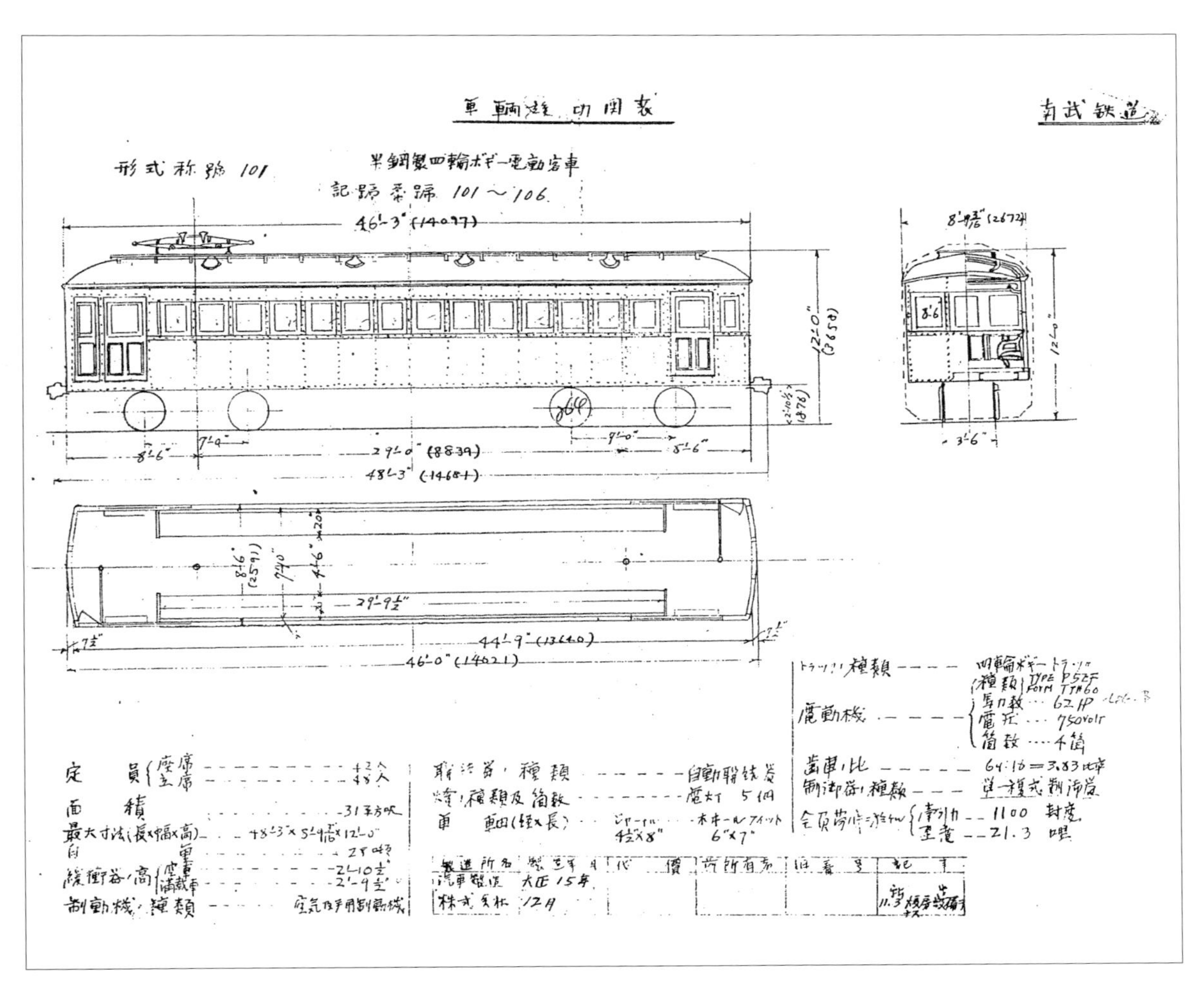

四輪ボギー電動客車

形式稱號

記號番號 101～106

南武鐵道

項目	認可年月日	認可番號	輛數 認可	輛數 竣功	荷重 荷物室	荷重 郵便室	容積 荷物室	容積 郵便室	内部寸法 長	内部寸法 幅	内部寸法 高	踏段關係	輪軸距離 固定	輪軸距離 ボギー中心	車輪 直徑	車輪 輪鐵幅	車輪 輪縁 厚	車輪 輪縁 高	車輪 バックゲージ	擔彈機	臺枠	集電装置種類及個數	暖房装置	使用開始年月
			6	6.					44'-9"	7'-10"	8'-2"		7'-0" 2134	29'-0" 8839	34" 864	5"	1/8	1/8	3'-3"			pantograph 1	Electric heater 250V. 750W 6個	2.3

記事

大正 15. 9. 22 日 第 2584 號 竣工認可

昭和 2. 6. 21 〃 第 1615 號 改造認可

〃 11. 2. 11 〃 車内暖房設備届

〃 11. 3. 31 〃 仝上竣功届

〃 16. 5. 31 代價変更届

24. 12. 22. 流山鉄道へ 1両

(6-2 伊坂納)

モハ100形1次車(101～106)竣功図表　扉間の窓が2枚多く作図されている。

提供：名取紀之

武蔵溝ノ口付近を行く１次車モハ104の川崎方面行の列車。　1937.4.29　武蔵溝ノ口付近　P：宮松金次郎

■１次車６輌：101 ～ 106

南武鉄道最初の電車で、1926(大正15）年製。車体は緩いカーブを持つ前面で中央窓が少し狭い独特の３枚窓を構成している。窓配置はdD12D１、側窓は１段下降式である。

車内はロングシート、乗務員室は全室だが、運転席は左に寄っていて、この部分に乗務員室扉が付いている。定員は戦時中に一部座席の撤去が行われたため、変更が見られる。一見したスタイルはどこにでもいそうな田舎電車であるが、意外に当時の車輌に類型は見当たらない。１～３次車は性能的にほぼ同一、デザインもほとんど変化がない。屋根上のベンチレーターが１次・２次車ではお椀型であり、国鉄買収後一部はガーランド式に変更されている。また、竣功図を見ると２次車までインチサイズで作図されている。

これら１次車６輌は、モハ103・105以外は戦後、私鉄に払い下げられ、長く生き伸びることになる。

買収後の動きは次の通り。

モハ101：買収後、1945(昭和20)年にTc代用になり、1949(昭和24）年７月２日休車、1951(昭和26）年廃車になり、東濃鉄道に払い下げられクハ201になった。

モハ102：1944(昭和19）年にTc代用になり、1949(昭和24）年に廃車、1951(昭和26）年に東濃鉄道に払い下げられクハ202になった。

モハ103：1945(昭和20）年にTc代用になり、1949(昭和24）年３月廃車。車体のみ東急横浜製作所(後の東急車輌製造)の構内に放置されたという。

モハ104：1945(昭和20）年にTc代用になり、1951(昭和26)年６月廃車。同年12月、東濃鉄道へ払下られクハ203になった。

モハ105：1945(昭和20）年にTc代用になった後、1953(昭和28）年６月の称号改正で正式にTcとなり、クハ6000を名乗る。

富山港線に所属していた当時の写真を拝見すると片運転台方式になり、乗務員扉が車掌台側にも増設されている。私鉄に払い下げられることなく1957(昭和32）年３月廃車。

モハ106：1949(昭和24）年３月廃車。当時電化された流山鉄道に戦力として払下げられモハ103になった。

東急横浜製作所構内に放置されたモハ103。東急横浜では流山向けの車輌が再起したが、モハ103は再起することなく姿を消した。　1963.3　P：阿部一紀

■2次車5輛：107～111

1929(昭和４)年11月の立川全通に備えて、１次車と同じ汽車会社で1928(昭和３)年に生まれた。１次車と大きな違いはない。不運にも戦災で２輛が廃車となり、残った３輛も1953(昭和28)年の称号改正以前に国鉄では廃車となったため、このグループはクハ6000形にはなっていない。

モハ107：1949(昭和24)年３月廃車になったのち、流山鉄道モハ101になった。

モハ108；1949(昭和24)年３月廃車になり、秩父鉄道クハ21になった。

モハ109：1945(昭和20)年４月15日の空襲により矢向電車区内で被災し、翌年11月付で廃車になった。

モハ110：モハ109と同じく、1945(昭和20)年４月15日の空襲により矢向電車区内で被災し、翌年11月付で廃車になった。

モハ103と同様に東急横浜製作所構内に放置されたモハ111。
1963.3　P：阿部一紀

モハ111：1949(昭和24)年３月廃車。東急横浜製作所構内に放置されたという。当時、同社の構内には国電の廃車体もいくつも置かれていた。

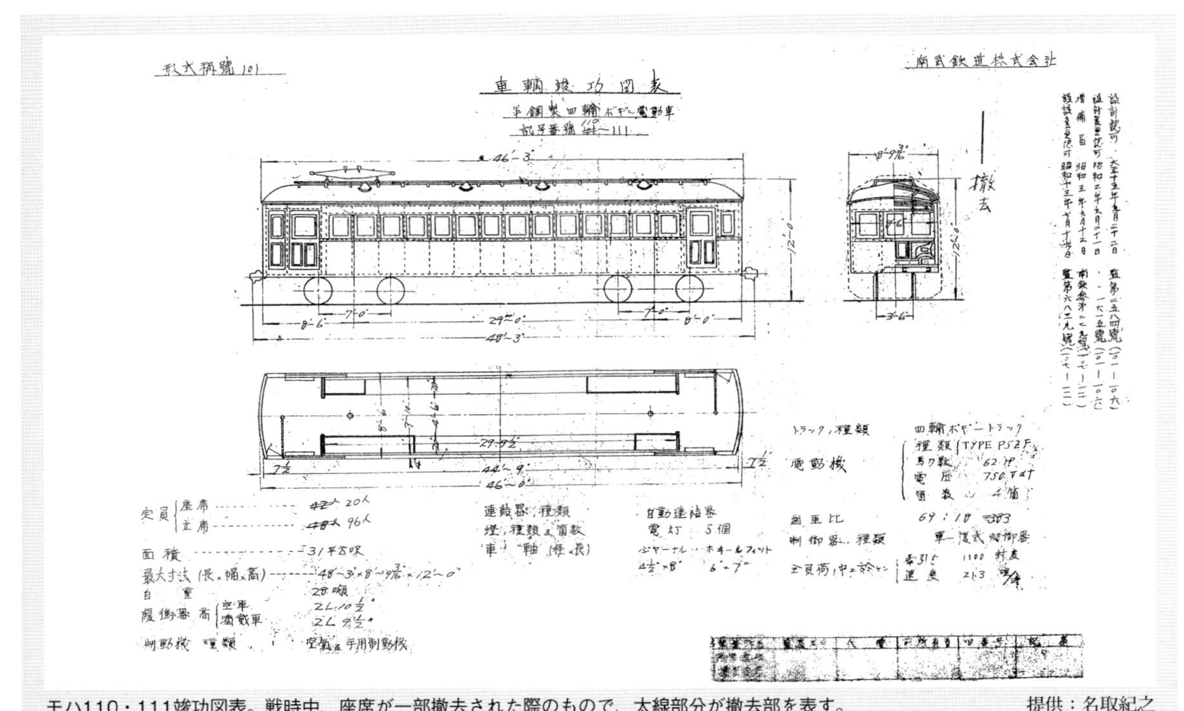

モハ110・111竣功図表。戦時中、座席が一部撤去された際のもので、太線部分が撤去部を表す。　提供：名取紀之

column 竣功図について

モハ100は３度に分けて製造されたが、それぞれの竣功図を見ると、１・２次車はインチ、ポンド法で作図されているのに対し、５年ほど遅れて製造された112～115はメートル法で作図されている。現車は１・２次車のお椀型ベンチレーターが３次車からガーランド型に変わったくらいの変化しかないのだが、竣功図では１・２次車は妙に野暮ったい電車なのに、３次車はぐっと垢抜けした電車に見える。

そこで３枚の図面を見るうちにとんでもない誤りに気が付いた。すでに諸先輩による指摘があるかと思うが、１・２次車ではドア間の窓の数が誤って２つ多く作図されているのだ。竣功図に見る野暮ったい雰囲気はこの窓数の誤まりのためだったのである。

この誤まった竣功図は一部の私鉄にも払下後もついて回りることになった。

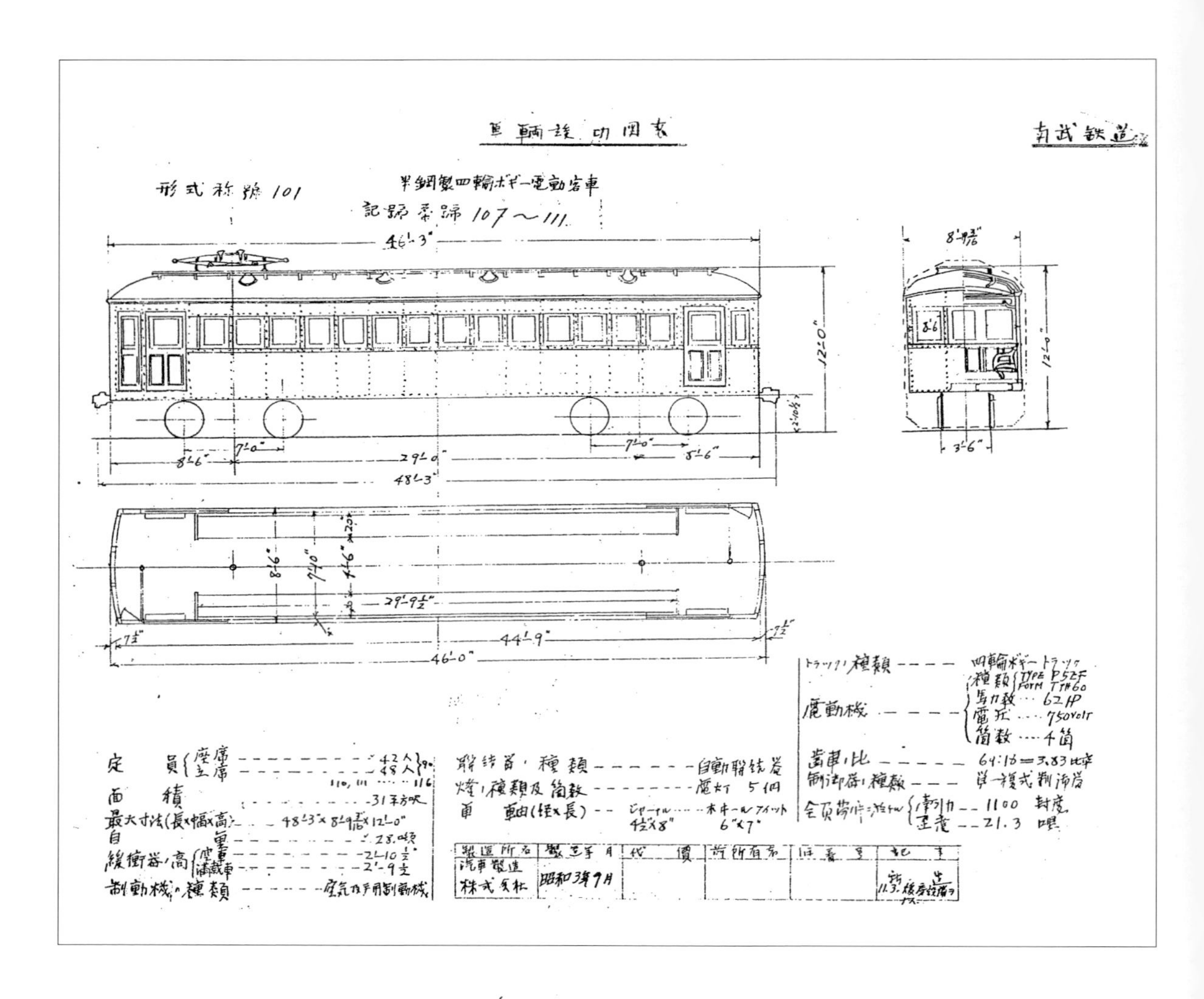

四輪ボギー 電動客車

形式稱號	記號番號 107～111	南武 鐵道

項目	認可年月日	認可番號	輛數 認可	輛數 竣功	荷重 荷物室	荷重 郵便室	容積 荷物室	容積 郵便室	内部寸法 長	内部寸法 幅	内部寸法 高	踏段關係	輪軸距離 固定	輪軸距離 ボギー中心	車輪 直徑	車輪 輪鐵幅	車輪 輪緣 厚	車輪 輪緣 高	車輪 バックゲージ	擔彈機	臺枠	聚電装置種類及個數	暖房装置	使用開始年月
			5	5					44'-9"	7'-10"		高 最幅 有幅	7'-0"	29'-0"	2'-10"	5"	1 1/8	7/8	3'-3"			pantograph 1	Electric Heater 250V 750W 6	3.9

記事

昭和 3. 9. 12 日	増加届
昭 11. 2. 12 日	車内暖房設備届
〃 11. 3. 31 日	竣功届
〃 13. 7. 19. 〃 6839号	制動装置変更認可
〃 16. 5. 31.	代価変更届 107號
〃 17. 2. 13	〃 107號 108.109号 110号 111号
〃 19. 3. 31 監412号	客車設計変更ノ件 (110～111)
19. 3. 31 上同	竣功届 (101.104.106―111)
24. 12. 22	ノ南流山鉄道へ

モハ100形2次車(107～111)竣功図表　ドア間窓数の誤りは訂正されていない。

提供：名取紀之

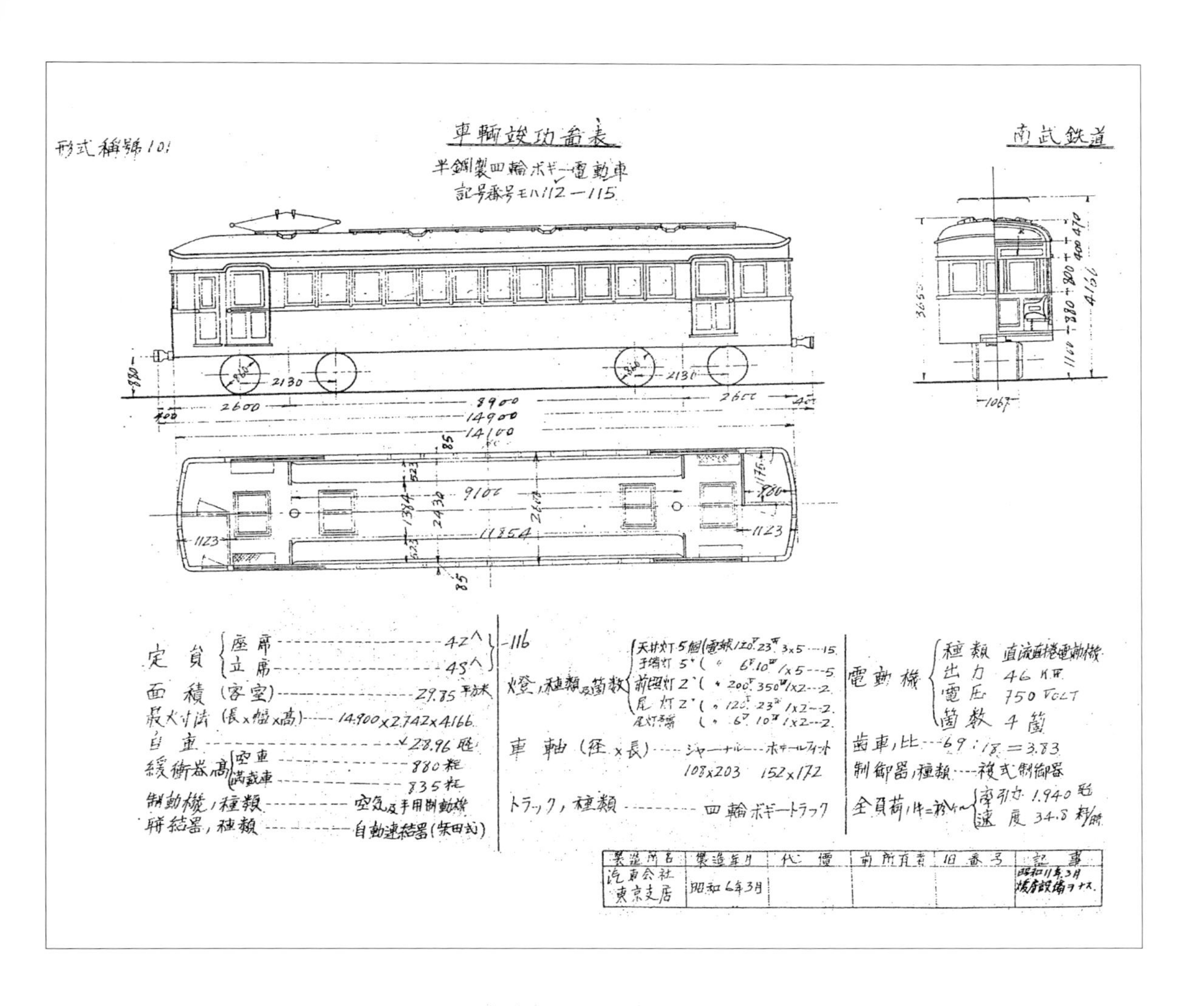
形式稱號 101

車輛竣功圖表

南武鉄道

半鋼製四輪ボギー電動車
記号番号モハ112―115

定員	座席	42人
	立席	48人
面積（客室）		29.85平方米
最大寸法（長×幅×高）		14.900×2.742×4.166
自重		28.96瓲
緩衝器高	空車	880粍
	満載車	835粍
制動機ノ種類		空気及手用制動機
聯結器ノ種類		自動連結器（柴田式）

-116

燈ノ種類及箇数	天井灯5個	電球120V 23W 1×5…15
	予備灯5個	6V 10W 1×5…5
	前照灯2個	200V 350W 1×2…2
	尾灯2個	120V 23W 1×2…2
	尾灯予備	6V 10W 1×2…2
車軸（径×長）	ジャーナル 108×203	ホイールフィット 152×172
トラックノ種類		四輪ボギートラック

電動機	種類	直流直捲電動機
	出力	46 KW
	電圧	750 VOLT
	箇数	4箇
歯車ノ比		69：18＝3.83
制御器ノ種類		複式制御器
全負荷ノ時ニ於ケル	牽引力	1.940瓲
	速度	34.8粁/時

製造所名	製造年月	代価	前所有者	旧番号	記事
汽車会社東京支店	昭和6年3月				昭和11年3月暖房設備ヲナス.

半鋼製ボギー電動客車

形式稱號 101　　記號番號モハ 112―115　　南武鐵道

項目	認可年月日	認可番號	輛數 認可	輛數 竣功	荷重 荷物室	荷重 郵便室	容積 荷物室	容積 郵便室	内部寸法 長	内部寸法 幅	内部寸法 高	踏段關係	輪軸距離 固定	輪軸距離 ボギー中心	車輪 直徑	車輪 輪鐵幅	車輪 輪縁 厚	車輪 輪縁 高	車輪 バックゲージ	擔彈機	臺枠	集電装置種類及個數	暖房裝置	使用開始年月
					瓲	瓲	立方米	立方米	粍	粍	粍	粍	粍	粍	粍	粍	粍	粍	粍					
	昭和6.2.20	278.	4	4					客 11854 座 858	2430 1175	2479 2140	高 1100 最幅 2620 有幅 1,000	2130	8900	860	128.	26	29	990	Bolster spring. span.800. 11×89×8P =7ハ.	Sall bar. 203×76×9.5 ⊏ Center sill 203×76×9.5 ⊏.	Sliding panto-graph.	Electric Heater. 250V 750W 6ケ	6.3

記事

昭和6.2.20日監第278號　設計認可.
〃 6.3.26日　竣功届出.
〃 11.2.12日　車内暖房設備届.
〃 11.3.31日　竣功届.
〃 17.2.13日　代價変更届 112～114號　115號
19.3.31　監409号　客車設計変更届（モハ112－115）認可
19.3.31.　竣功届.
24.12.22　1両 流山鉄道へ

(6.2 伊坂納)

モハ100形３次車（112～115）竣功図表

提供：名取紀之

■3次車4輛：112～115

1931（昭和6）年製の3次車は図面類がメートル法に変更されており、また車体の構造が若干変更されたため、車体の雰囲気が少し違う。屋根上のベンチレーターがガーランド型に変わっているが、これは当時の車輛製作の流れに沿ったものだろう。製造は同じく汽車会社東京支店である。

称号改正時に正式に制御車となりクハ6003となった元モハ114。後に熊本電気鉄道へ払い下げられ、電動車に復帰することになる。
1957年　横川　P：河村安彦

モハ112：南武鉄道は当時、車輛不足の傾向にあった小田急電鉄に季節臨時対応で車輛の貸し出しを行っていて、国有化後も1948（昭和23）年5月、モハ113・114と共に小田急電鉄に貸し出されている。1953（昭和23）年6月の称号改正で制御車クハ6001になり、可部線に転出したものの、1955（昭和30）年6月廃車。熊本電気鉄道に払い下げられ、モハ122になった。

モハ113：称号改正で制御車クハ6002となったあと、1954（昭和29）年4月に廃車。1955（昭和30）年6月、流山電気鉄道モハ105になった。

モハ114：称号改正で制御車クハ6003となったあと、1956（昭和31）年に廃車。熊本電気鉄道に払い下げられモハ121になった。

モハ115：1949（昭和24）年3月廃車、同年12月、流山鉄道モハ102になった。

夏季の応援で小田急に貸し出され新宿～経堂間の各駅停車に運用される3次車モハ115。
1938.7.24　世田ヶ谷中原（現・世田谷代田）　P：荻原二郎

昭和13年夏の小田急線東北沢駅。南武からの応援車112+113の傍らを、長距離運用のモハニ103が駆け抜けて行く。
1938.8.21　東北沢　P：荻原二郎

column 小田急への貸し出し

車輌不足に悩む小田原急行鉄道(小田急)への車輌融通と、小田急との貨車の乗り入れのため、1936(昭和11)年に南武鉄道登戸駅と小田急線稲田登戸駅(現・向ヶ丘遊園)を結ぶ"登戸連絡線"が設けられた。この連絡線を使って小田急の江の島海水浴場への夏季輸送応援のため、南武鉄道から毎年車輌の派遣が行われた。

派遣された車輌はモハ112～115が多く、２～３輌編成で使用され、３輌編成では１輌はトレーラとして使用された。江ノ島海岸への夏季輸送対応であったが、足の遅い南武鉄道モハ100形は江ノ島方向の長距離列車には使用されず、もっぱら新宿～稲田登戸間の小運転専用だったという。

戦後、小田急に貸し出され経堂車庫に留置された元南武112+113+114。手前の112はトレーラ代用のためかパンタグラフがない。かなり荒れた雰囲気が漂うが、これら３輌はすべて称号改正後まで国鉄で活躍することになる。
1949.7.21　経堂　P：荻原二郎

可部線を行くクハ6003＋モハ1621。6003は元南武モハ114、1621は元豊川鉄道モハ62である。可部線もまた、広浜鉄道からの買収路線であるが、広浜鉄道からの買収車は1945年８月の原爆投下により３輌を残して廃車となり、代わって他の線区から買収国電が多数転入した。　1955.3.31　横川－三滝　P：久保　敏

南武鉄道クハ212。クハ210形は南武鉄道としてはモハ100以来の新造車で、全長は15.5mとモハ100より少し長い程度だが３扉となった。昭和14年に大阪・木南車輌で製造されて間もない頃の姿で、まだ艶のある車体が美しい。　1939.11.11　府中本町　P：荻原二郎

3．モハ100以外の車輌の概要

南武鉄道は当初こそのどかな田園地帯を走っていたが、その後の沿線開発や、工場地帯化が進み、それに従って車輌を増備。さらに五日市鉄道との合併もあって様々な車輌が在籍した。本稿では貨車を除く主な車輌の概要を述べる。

■蒸気機関車

1号　1925(大正14)年製。汽車会社の標準型ともいうべきCタンク機関車で、自重22トン。国鉄買収後の形式は1120で、国有化後も暫く入換え用に使用された。1949(昭和24)年廃車。

2号　1926(大正15)年汽車会社製の１C１タンク機関車で、自重36トン。南武鉄道開業時は貨物輸送の主力であった。国有化後は形式3255となって南武線に残り、1949(昭和24)年廃車になった。

3号　1922(大正11)年雨宮製の軸配置１B、自重27トンのタンク機関車。長崎県・島原半島の西岸を走った雲仙鉄道から1937(昭和12)年に南武鉄道入線。国有化後形式90になったが、どのくらい使用されたかはわからない。1949(昭和24)年廃車。

5号(←五日市鉄道５号)　1905(明治38)年ボールドウィン製、軸配置C１のタンク機関車。自重50トン。五日市鉄道から引き継いだ元国鉄2532である。南武鉄道の国有化により再び国鉄籍となった、いわゆる再買収機である。1950(昭和25)年度廃車。

6号(←五日市鉄道６号)　1917(大正６)年ボールドウィン製、軸配置１C１のタンク機関車。自重39トン。五日市鉄道から引き継いだが、元々は青梅鉄道の機関車で、電化により失職し、お隣の五日市鉄道に移った。度々所属先が変わっても車号は常に６号機であり、多摩地区から移ることはなかった。国有化で元国鉄3035(二代目)になった。同系機が各地で活躍したが、本機は田端機関区に転属後、1950(昭和25)年に廃車となった。

7・8号(←五日市鉄道１・２号)　1924(大正13)年コッペル製のCタンク機関車。自重30トン。五日市鉄道の１・２号で、引き継ぎ時に番号が重複するため改番で７・８号になった。国有化後は形式1195(1195・1196)になったが、1947(昭和22)年に廃車となった。コッペル製の標準的Cタンク機であり、同型機があちこちの私鉄で活躍した。

10号(←五日市鉄道３号)　1909(明治42)年山陽鉄道兵庫工場製、軸配置１C２のタンク機関車。ボークレイン複式の最新鋭機だった。６輌が製造されたが、

完成前に山陽鉄道は国有化されたので、前所有者が山陽鉄道というのは正確ではないかもしれない。国鉄ではC10・11に先駆けた１Ｃ２型機であり、形式3700を名乗ったが、このうち3705号が1926(大正15)年、五日市鉄道に払い下げられ３号を名乗った。南武鉄道との合併で10号となった後、再度国鉄買収されたが、その後はあまり使用されなかったという。廃車は1947(昭和22)年。

11号　1896(明治29)年ナスミスウィルソン製Ｃタンク機関車。国鉄1204を譲り受けたもの。元は総武鉄道12で、総武鉄道の国有化後に秋田県の横荘鉄道に譲渡されたが、ここで再度の国鉄買収となった後に南武鉄道入りした。三度の国鉄買収後はあまり使われず、1947(昭和22)年に廃車となった。

12号　1923(大正12)年、川崎造船製の１Ｃ１タンク機関車。河東鉄道(後の長野電鉄)から1927(昭和２)年に南武鉄道が譲受けた。国有化後形式3015になり、しばらく使用されたのち、1949(昭和24)年常総筑波鉄道に譲渡され９号機として筑波線で使用された。1955(昭和30)年に廃車。南武鉄道に在籍した蒸気機関車としては最後まで残ったことになる。

■電気機関車

1001～1004　1928(昭和３)～1929年日立製作所製の箱型電気機関車。自重50トン。国有化後ＥD34 1～4になり、南武線・青梅線で使用。さらにED27 11～14となった後、国鉄では1971(昭和46)年までに廃車となった。ED27 12(元南武1002)のみ1969(昭和44)年に岳南鉄道に譲渡されたが、活躍は短く1973(昭和48)年に廃車となった。

■気動車

すべて五日市鉄道からの引継ぎ車である。この中にはキハ41000の車体にキハ42500の前頭部を接いだといわれるキハ501・502や、東京横浜電鉄が東横線の急行列車用に川崎車輌で造った流線型のキハ１形(２・８)がいた。

戦後、キハ501・502は東野鉄道と茨城交通、元東横キハ１は鹿島参宮鉄道鉾田線に転じ長く活躍した。このほか、日車東京支店製のキハ104・105がいたが、こちらは戦時中に中島飛行機田無製作所専用線の通勤用として譲渡されている。

■客車

五日市鉄道から２軸客車６輌を引き継いだが、

国鉄ED27 13(元南武鉄道1003)。戦後、南武鉄道から引き継がれた電車は転出や廃車により早期に南武線から姿を消したが、４輌の電気機関車だけは名前を変えながらも昭和40年代まで南武線・青梅線での活躍を続けた。　1970.3　拝島　P：浅原信彦

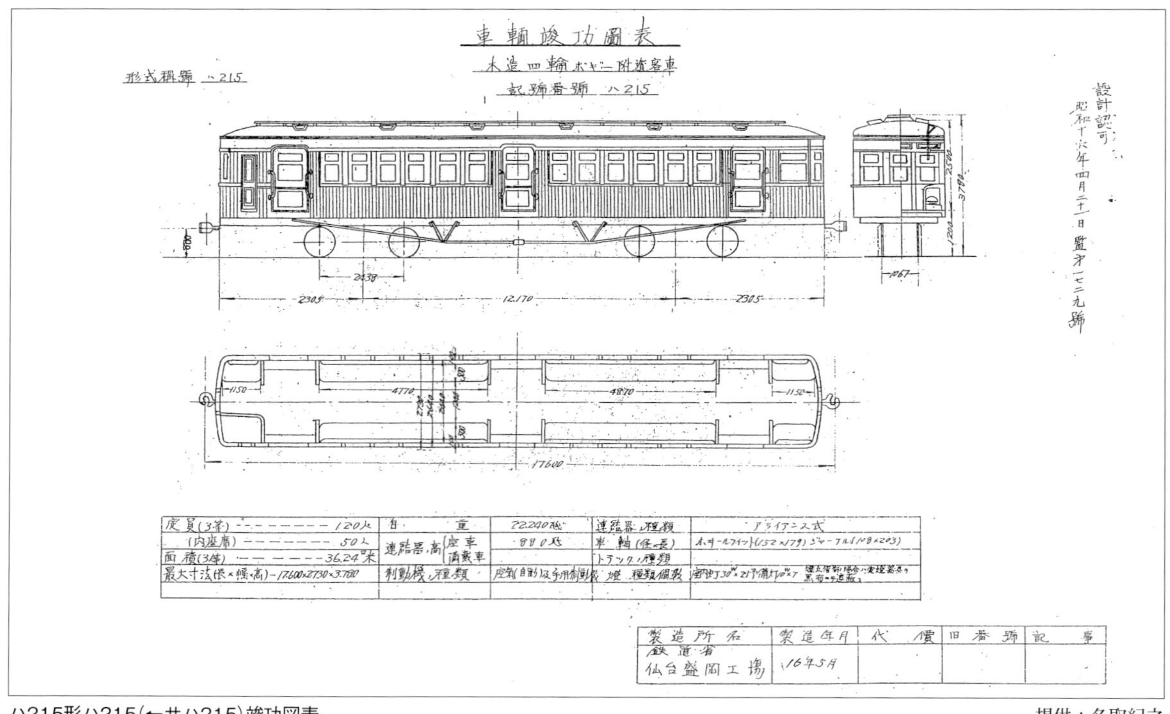

ハ215形ハ215(←サハ215)竣功図表　　提供：名取紀之

1943(昭和18)年に開設された三菱重工水島航空機専用鉄道(現在の水島臨海鉄道)に譲渡された。

また南武鉄道の竣功図の中には、ハ215・216・301を名乗る車輌が見られる。木造客車に2段上昇式窓を付けたような、電車風のものであった。戦時中の1941(昭和16)～1942年に国鉄の工場で木造客車をベースに製作されたもので、当初は付随車で「サハ」を名乗ったが1944(昭和19)年2月に車種変更された。南武鉄道の国有化後ナハ2320～2322になり、五日市線でしばらく使用されたのち、1952(昭和27)年に廃車になった。このうちハ301→ナハ2322は職用車になり、ナル2753として1956(昭和31)年3月まで在籍した。

■モハ100以外の主な電車たち

●モハ150(151～160)

1941(昭和16)年に帝国車輌で生まれた関東私鉄タイプというべき電車。全長17m、片隅運転台式で一番前までシートが延びている。

国有化後、戦災廃車となった154を除き称号改正でモハ2000～2008となり、地方の買収線区で使用された。うち2001・2008は片運転台化されクモハ2010・2011に改番された。

国鉄で旅客車としてもっとも長命だったのは富山港線で使用されたクモハ2000・2006・2011(モハ151・158・160)で、1967(昭和42)年4月に廃車となった。

国鉄クモハ2006(元南武鉄道モハ158)。貫通化改造された2端側から見る。この2006はクモハ2000形としては最後まで残るうちの1輌となった。　1965.4　城川原　P：髙井薫平

国鉄クエ9424。モハ2004(元南武鉄道モハ156)は1960年に大井工場で救援車に改造された。晩年は大鉄局に転じ、網干電車区に配置されていた。　1963.3　津田沼区　P：浅原信彦

元南武モハ160のクモハ2011。国有化後の称号改正でモハ160はモハ2008となったが、1959年に片運転台車が形式変更され改番された。後部はクハ5502(元鶴見臨港鉄道モハ213)。
1965.4　城川原　P：髙井薫平

また車内にクレーンを取り付け救援車に改造されたモハ156→モハ2004→クエ9424は1985(昭和60)年3月まで在籍した。

このグループで唯一私鉄に行ったのはモハ153→モハ2002で、1965(昭和40)年の廃車後、大井川鉄道でモハ308になった。

●モハ500(501・502)

元鉄道省の木造車(モハ1045・1056)である。鶴見臨港鉄道を経て1937(昭和12)年入線。買収直前の1944(昭和19)年3月廃車。なお、501・502以前に元鉄道省モハ1060・1064がモハ401・402を名乗って南武鉄道に入線したが、501・502と入れ替わりに鶴見

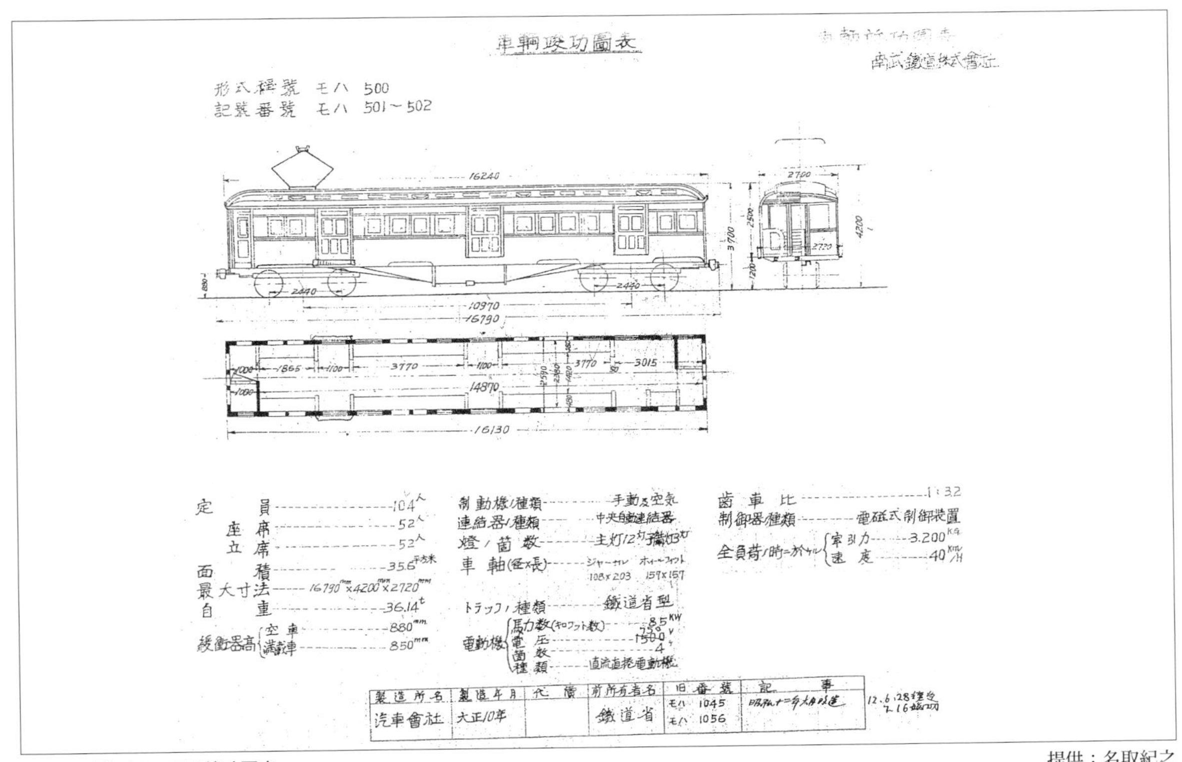

モハ500形501・502竣功図表
提供：名取紀之

臨港鉄道へ移っている。

●モハ500(503・504)

元鉄道省モユニ2002・3006を1940(昭和15)年7月、木南車輌で鋼体化改造したもの。車長が16m級と短く、運転台すぐ後ろに客用扉が付いている。国有化後、称号改正でクハ6021・6020となり、クハ6020は1960(昭和35)年の廃車後、伊豆箱根鉄道大雄山線でクハ25になった。

●モハ500(505・506)

1942(昭和17)年、日本鉄道自動車製。モハ501・502の機器を利用したもので、同時期に生まれた西武鉄道のクハ1231に良く似ていた。製造メーカーの違いからか、窓の大きさやドア間の窓の数など細部が503・504とは異なる。国有化後、称号改正でモハ2020・2021となり、2021は1966(昭和41)年まで在籍した。

常総筑波鉄道キハ40085(元南武鉄道クハ214)。国鉄では1948年に廃車となり、常総筑波鉄道入線後、客車を経て気動車化された。 1956.10 水海道 P:髙井薫平

●クハ210(211 ～ 214)

1939(昭和14)・1940年に大阪・堺の木南車輌で製造された。南海電鉄から譲りうけた小さなブリル台車に、15m級の車体を乗せた3扉車で、車体長は開業時のモハ100より少し長い。国有化後の廃車は早く、213・214は常総筑波鉄道に払い下げられ、一旦客車として使用されたのち、台車はそのままエンジン日野DA54をつけて機械式気動車として復活。車体は中央扉を埋めて2扉車になった。

●クハ251(251 ～ 255)

1942(昭和17)年汽車会社東京支店製の新造車で、モハ151形に近いスタイルの制御車。国有化後、255は戦災廃車、251 ～ 254が称号改正でクハ6010 ～ 6013となり、1963(昭和38)年まで国鉄に在籍。その後、伊豆箱根鉄道と高松琴平電鉄に譲渡された。

▲クモハ2020(元南武鉄道モハ505)。戦後、片運化され2端側は貫通化された。
1965.5 城川原
P:髙井薫平

▶元鶴見臨港車とともに富山港線で活躍するモハ2021(元南武鉄道モハ506)。
1959.4.16 城川原
P:田尻弘行

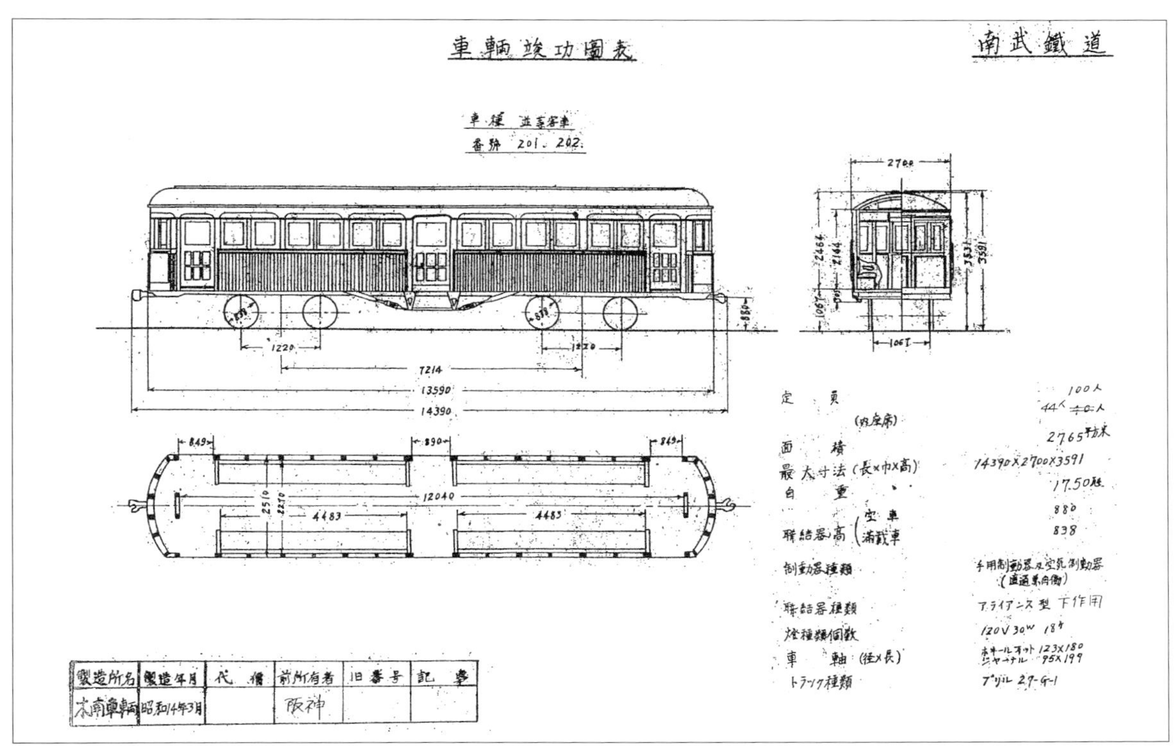

サハ200形201・202竣功図表　　提供：名取紀之

●サハ200(201 ～ 203)

サハ201・202は1939(昭和14)年、木南車輛で阪神電車の旧車体と南海のブリル台車を組合わせて生まれた。正面５枚窓の木造車だった。サハ203は元南海電車の木造車で、やはり1939(昭和14)年に木南車輛が製造したことになっている。ともにモハ100の間に挟まって使用された。国有化後は称号改正を待たずに廃車となった。

サハ201 －サハ202。元阪神電車の車体を利用した付随車。木造車ながら買収対象となり、1947年まで在籍していた。
1939.4.15　矢向　P：橋本哲次

column 同世代の電車たち

南武鉄道モハ100が生まれた大正末期から昭和の初めは、ちょうど木造車体から鋼製車に移り変わる時期であったので、各地にいろいろな電車が登場している。ここでは南武モハ100に似た目的で生まれたと勝手に決めた電車たちを紹介する。

■定山渓鉄道モ100形

定山渓鉄道はかつて北海道唯一の電気鉄道であった。札幌の奥座敷・定山渓温泉への足として、1918(大正７)年10月開業、1929(昭和４)年に電化された際に投入された北海道初の鉄道線の電車である。のちに車体を最新のものに載せ替え、余った車体は弘南鉄道と旭川電気軌道に売却された。

■宮城電気鉄道モハニ101形

のちに南武鉄道などとともに戦時買収されて国鉄仙石線になる宮城電気鉄道最初の半鋼製車輌。スタイルは既存の木造車モハニ100を踏襲している。正面の中央窓が１段高くなっているのが特徴だった。

■鶴見臨港鉄道モハ110形

元南武モハ100とともに国鉄での廃車後売れ行きの良かった電車である。南武鉄道モハ100に比べて一回り大型で３扉車で、国鉄でもしばらく使用され、廃車後は山形交通、銚子電鉄、上毛電鉄、上田丸子電鉄、静岡鉄道、北恵那鉄道に払い下げられたほか、職用車としてかなり遅くまで国鉄に在籍した。

■富士身延鉄道モハ100・110形

距離の長い身延線で使用するため、車体は乗降口が両端に寄った構造で、おそらく日本最初の長距離用電車と言えよう。国有化後は身延線を離れ、主に飯田線で使用された。国鉄で廃車後は弘南鉄道、大井川鉄道、越後交通で再起した。

上田丸子電鉄モハ4255。元鶴見臨港鉄道モハ114。国有化後、モハ1501となり、1955年に廃車。国鉄時代には可部線で使用されていた。　1964.8.2　真田　P：髙井薫平

■長野電気鉄道デハ100形→長野電鉄モハ100形

開業に備えて準備された電車。沿線には温泉もスキー場もあるのに、平凡な垢抜けしない田舎電車であった。引退後、上田交通で昇圧まで第二の活躍をした。

■上毛電気鉄道デハ100形

現在もイベント用として残る人気の高い車輌だが、実は新造時と現在では大きくスタイルが変化している。新造時は３扉車であったが、戦後の大改造で乗務員扉が付き、客用扉も２か所に変更された。台車はボールドウィンタイプだが、新造時から枕ばねにコイルバネを使用する独特のものを履いている。

■西武鉄道モハ550・クハ600形→モハ151・クハ1151形

武蔵野鉄道と合併するまでの(旧)西武鉄道を代表する車輌で、かつてよく言われた「川造タイプ」の全鋼製車輌。西武での引退後は弘南鉄道、津軽鉄道、大井川鉄道、伊予鉄道などに売却された。元南武100が転じた東濃鉄道駄知線にも４輌が入線している。

■南武モハ100と同世代の電車たち

各数値は比較のために抽出したものであり、各形式とも年代・仕様により異なることがある。

鉄道名・形式	製造初年	メーカー	全長	自重(トン)	定員(人)	出力	客用扉数	窓の構造	座席	台車形式
南武鉄道モハ100	1926	汽車東京	14707	28.96	90	46kW×4	2	１段下降式	ロング	汽車BW
定山渓鉄道モ100	1929	新潟鐵工	15444	34.0	100	59kW×4	2	１段下降式	ロング	新潟BW
宮城電気鉄道モハニ101	1925	蒲田車輌	13944	27.2	80	41kW×4	3	１段下降式	ロング	ブリル27MCB2
鶴見臨港鉄道モハ110	1930	新潟鐵工・浅野造船	15545	32.5	100	58kW×4	3	２段下段上昇式	ロング	汽車W
富士身延鉄道モハ100	1927	日本車輌	17002	38.3	102	150HP×4	2	２段下段上昇式	クロス	日車ブリル
長野電気鉄道デハ100→モハ100	1926	汽車東京	16650	30.1	100	75kW×4	3	１段下降式	ロング	汽車BW
上毛電気鉄道デハ100	1928	川崎車輌	16100	30	92	75kW×4	3→2	２段下段上昇式	ロング	川車KO
東武鉄道デハ５	1927	日車・汽車・川車	16852	40	120	97kW×4	2	１段下降式	ロング	KS31L
西武鉄道モハ550→モハ151	1927	川崎造船	16970	34	120	75kW×4	3	２段下段上昇式	ロング	KS33L
目黒蒲田電鉄モハ300→東急3200	1927	川崎造船	17120	35.12	120	75kW×4	3	１段下降式	ロング	川造BW
小田原急行鉄道(小田急)１→1100	1927	日本車輌	15048	29.5	100	60kw×4	3	１段下降式	ロング	KS30L
小田原急行鉄道(小田急)101→1200	1927	日本車輌	16054	34	100	93.3kw×4	2	１段下降式	セミクロス	KS31L
名古屋鉄道デセホ750→名鉄モ750	1928	日本車輌	15024	32	100	52.2kW×4	3	１段下降式	ロング	日車BW
瀬戸電気鉄道ホ103→名鉄モ560	1925	日本車輌	14204	23.2	90	48.5kW×4	3	２段下段上昇式	ロング	ブリル77E
伊勢電気鉄道デハニ201→近鉄モニ6201	1928	日本車輌	17578	37.2	100	75kW×4	2	２段下段上昇式	ロング	D16
阪神急行電鉄(阪急)600	1926	川崎造船	17011	36	126	71kW×4	3	１段下降式	ロング	汽車K-15
富士山麓電鉄モハ１	1929	日本車輌	15240	34	102	125HP×4	2	２段下段上昇式	ロング	D16
一畑電気鉄道デハ１	1927	日本車輌	16116	33.56	100	75kW×4	3	１段下降式	ロング	D16
伊那電気鉄道デ120	1927	汽車東京	17119	34	100	105HP×4	3	１段下降式	ロング	KS30L

越後交通長岡線5001。元富士身延鉄道モハ110形111である。国有化後、モハ93007→モハ1206となり、1958年の廃車後、越後交通に転じた。　1964.12　P：髙井薫平

北陸鉄道3103。木造車のようなスタイルの元伊那電気鉄道デ120形122である。国有化後、モハ1922となったが、1956年に廃車となり北陸鉄道へ転じた。　1959.8　新西金沢　P：髙井薫平

■目黒蒲田電鉄デハ300形→東急デハ3200形

こちらも川造タイプだが、半鋼製車体である。出入り台が車端部に寄った３扉車であったが、戦後片運転台化、乗務員室の設置（全室化）、扉の位置も変更する大改造を行った。車輌の標準化のあおりで一部が上田丸子電鉄、近江鉄道、熊本電鉄に移った。

■小田急モハ１・モハニ101形→デハ1100・1200形

小田急開通の時に揃えられた電車たちで、モハ１形は近距離用、モハニ101形は長距離用だった。モハ１形は３扉で車長も１mほどモハニ101形より短かった。これに対しモハニ101形は２扉のクロスシート車で、車内はゆったりした雰囲気であった。晩年1100形は相模鉄道、日立電鉄、熊本電鉄に転じ、熊本電鉄の１輌は記念車輌として小田急に里帰りして、復元・保存されている。1200形は戦後、更新工事を受けたが、後に主電動機を4000形に提供し、車体は新潟交通、越後交通、岳南鉄道などに転じた。

■名古屋鉄道モ700・750形

旧・名古屋鉄道時代に誕生し、名岐鉄道から引き継いだ１段下降窓の３扉車。木造のモ600形とよく似ている。戦前の名岐を代表する車輌といえる。廃車後福井鉄道、北陸鉄道などに転じたものもいたが、名鉄に残ったものは2001（平成13）年の谷汲線廃止まで活躍を続けた。

■伊勢電気鉄道デハニ201→近鉄名古屋線モニ6201

側窓の上、幕板部分の優雅な明かり窓が本形式の特徴である。輌数が少なく低馬力だったので目覚ましい活躍はなかったが、同時に作られた制御車は便所の設備を持っていたので、急行列車に組み込まれて活躍した。

■阪急600形

我が国初の全鋼製車輌で、魚腹台枠にリベットの多い、深い屋根を持つ「川造タイプ」の元祖といえる。１輌が川崎重工に保存されたが、その後阪急電鉄に戻り、復元された。

■一畑電気鉄道デハ１形

電化開業に備えて投入された３扉車である。ほかに荷物室を備えたデハニも生まれている。戦後この地域の観光地化が進むとデハニ51を含む４輌が２扉クロスシートに改造されている。現在デハニ２輌が保存されているほか、沿線の幼稚園でもその姿を見ることができる。

■伊那電気鉄道デ120形

現在の飯田線を形成する伊那電気鉄道最初の半鋼製車である。スタイルは先行して作られた木造車デ100形を継承したダブルルーフ車であり、台車や車体構造など同時期の省電モハ１形などと一脈通じるスタイルである。国鉄買収後、モハ1920形となり、廃車後は北陸鉄道や新潟交通で第２のスタートを切った。

定山渓鉄道の電化時に新潟鐵工所で製造されたモ101。１段窓の車体は後ろに連結された運輸省規格型のモ801に比べ腰高な印象を受ける。最後尾は定山渓名物の“２等車”クロ1111。　1953.9　藤ノ沢付近　P：竹中泰彦

モハ105(元南武鉄道モハ113) を先頭に馬橋へ向かう流山電気鉄道の混合列車。この頃は東京近郊でもまだこのような風景が残っていた。 1963.9.14 P：髙井薫平

4．払い下げられたモハ100の動向

南武鉄道のモハ100は全15輌のうち、実に10輌が地方私鉄に第２・第３の人生（？）を歩んでいる。戦時中、矢向で２輌が空襲に遭いその後廃車。２輌は国鉄で廃車後、東急横浜製作所に引き取られるが、再起はならなかった。国鉄買収後、1953（昭和28）年の称号改正まで残ったのはクハ6000になった４輌だけで、このうち３輌はのちに地方私鉄に払い下げられ、モハ105から改番されたクハ6000、１輌のみが国鉄で終末を迎えている。

本稿では私鉄に払い下げられた10輌について解説する。これらの中には払下げ後、第３の鉄道に転籍したケースもあり、またすでに無くなってしまった鉄道もあり、戦後の地方私鉄の変化の一面を垣間見ることができる。

以下、第２の職場になった鉄道の概要と個々の車輌について解説する。

４－１．流山鉄道

■会社の概要

流山鉄道は常磐線の馬橋から江戸川左岸の町、流山に至る全長5.7kmの電気鉄道である。1916（大正５）年３月14日に開業した流山軽便鉄道が最初で、軌間762mmの文字通りの軽便鉄道であった。当初より流山から先、江戸川を遡上して関宿方面への路線延長も計画したが、当時盛んだった江戸川の水運との兼ね合いや他の出願路線との競合もあり、とりあえず5.7kmという短い路線でのスタート、幾度か社名が変わった現在もこの距離は変わっていない。

762mmの軽便鉄道では省線との連絡も不都合であり、1922（大正11）年、軌間の拡幅が計画され、このとき会社名も「軽便」の２文字が取れて流山鉄道になった。1924（大正13）年12月、1067mmの軌道の上を列車が走った。動力は当初蒸気だったが、1933（昭和８）年ガソリンカーを導入し、このガソリンカー２輌は電化後も残り、ラッシュ時に電車に牽かれていた。

戦後、燃料の入手難の時代になり、他の事例もあるように流山鉄道も電化に踏み切った。1949（昭和24）年、常磐線の電化が松戸から取手まで延びることも絡んで、流山鉄道は1949（昭和24）年12月26日1500V電化、1951（昭和26）年11月社名も流山電気鉄道に変更した。この鉄道は会社名の変更が盛んで1967（昭和42）年には流山電鉄を名乗った後、総武流山電鉄を経て現在は社名を「流鉄」としている。会社はそのほとんどが鉄道事業に特化しているが、日本民営鉄道協会には加盟していない。

1949（昭和24）年の電化で、とりあえずモハ100形３輌で開業した。その後は西武所沢工場や西武車輌を介して、様々な中古車輌で賑わったが、現在は西武101

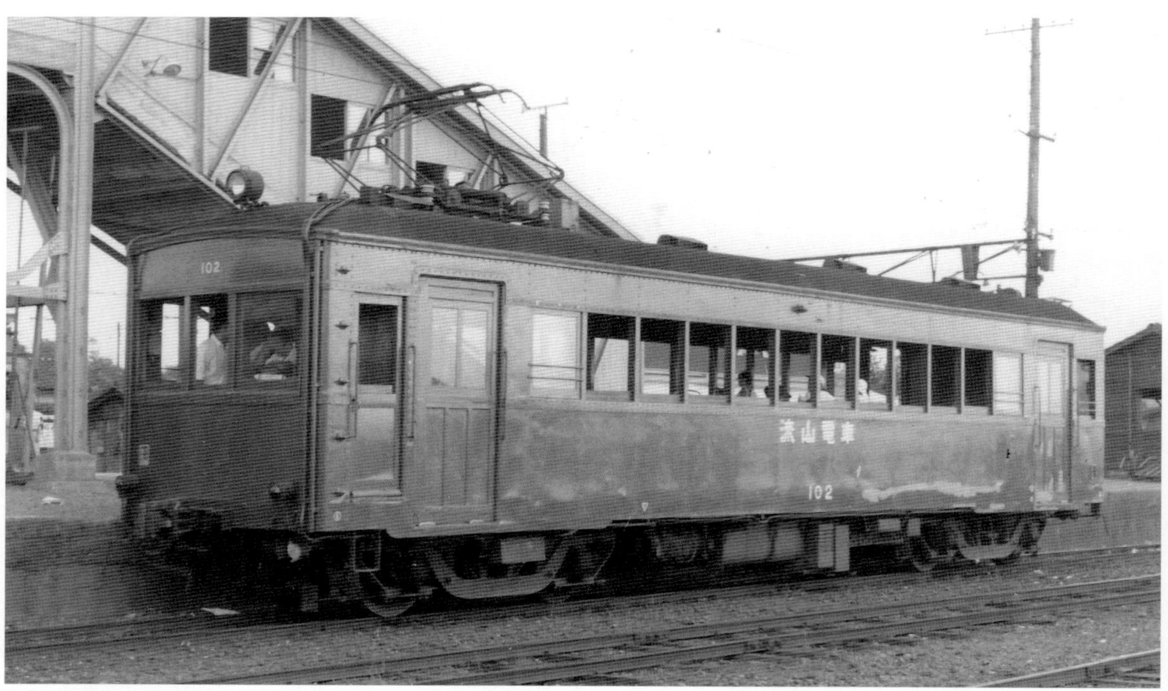

流山電気鉄道モハ102（元南武鉄道モハ115）。少し奥まった位置に取り付けられた前灯が、側面に大書きされた「流山電車」の標記とともに独特の雰囲気を醸し出す。
1955.8.11　馬橋　P：久保　敏

総武流山電鉄モハ101(元南武鉄道モハ107)。不運のグループであった2次車の生き残りであった。　1975.9.14　流山　P：田尻弘行

系電車を2連化した5000形5編成で統一されている。

■流山鉄道モハ100形　モハ101～103・105

流山鉄道が1949(昭和24)年電化された時、最初に入った電車である。南武鉄道時代と同じ形式のモハ100形を名乗るが、南武時代の車輌番号とは異なる。南武鉄道時代の制御器はHLであったが、当時国電の標準的制御器だった電空カム軸式のPR200(国鉄形式CS－3)に交換されている。主電動機は直巻式直流電動機で65HP(46kW)を4基備え、歯車比69：18も南武時代と同じである。

しかし、モハ105になった旧南武モハ113は国鉄にしばらく残りクハ6002として使用されたので、電装品のほとんどが一旦取り払われおり、流山入線に際して使用した電気品の出自は不明。モハ100の復旧工事を行った小糸車輌、東急横浜製作所の手持ち品か、戦後の混乱期存在した鉄道車輌ブローカーの手によるものだったと思われる。

●モハ101(元南武鉄道モハ107)

南武モハ100では2次車の1928(昭和3)年製。1949(昭和24)年3月に国鉄除籍後、小糸車輌で復旧工事

column 小糸車輌

1915(大正4)年小糸源六郎商店として創業した小糸製作所は主に信号灯レンズ、車輌用灯具類を製作する鉄道省の指定メーカーであった。第2次世界大戦によって壊滅的な打撃を受けた国鉄は、戦後間もない1946(昭和21)年初頭から鉄道復旧計画に取り組み、多数の軍需工場を車輌修理工場・車輌製造工場へと転換を進めていた。その中で小糸製作所も1946(昭和21)年7月、鉄道車輌工業への進出を決定し、1947(昭和22)年から旧沼津海軍工廠を借り受けて「沼津工場」として車輌の新・改造を行うことになり、戦災による罹災車輌の修理を開始した。1948(昭和23)年になると沼津工場では手掛ける車種も増えた。戦時設計の63形電車の電装工事も手掛けている。社名も小糸製作所から「小糸車輌」に変更し、国鉄車輌以外にも、私鉄に払い下げた電車の更新なども手掛けるようになった。元南武モハ100の復旧工事を行ったのもこの頃のことである。

しかし、折からの不況から車輌の発注も減り、従来から本業の車輌メーカーも整備されて、小糸車輌の商号は1950(昭和25)年、元の小糸製作所に戻り、1953(昭和28)年3月、沼津工場は藤倉電線に売却、車輌メーカーの夢は断たれた。

小糸製作所はその後自動車部品に特化し、1967(昭和42)年小糸工業に鉄道車輌部品、シート部門を移管している。現在、小糸工業はコイト電工と改称し、日本鉄道車輌工業会の会員メンバーである。

ガソリンカー改造の客車を従えた流山電鉄モハ105(元南武鉄道モハ113)。流山の元南武100の中では後から増備された1輛で、この車輌のみ「国鉄クハ6000形」の時代を経ている。 1960.7.9 馬橋 P：中村夙雄(提供：稲葉克彦)

を行った後、1949(昭和24)年12月に流山入りした。1978(昭和53)年5月30日に除籍された。

●モハ102(元南武鉄道モハ115)

1931(昭和6)年製の3次車である。1949(昭和24)年3月の国鉄除籍後、小糸車輌で復旧工事を行い、1950(昭和25)年1月に流山入りした。1979(昭和54)年9月30日に除籍された。

総武流山電鉄モハ101(元南武鉄道モハ107)の台車。南武モハ100形の台車はBW-78-25Aを模倣した汽車会社製のものであった。 1975.9.14 流山 P：田尻弘行

●モハ103(元南武鉄道モハ106)

南武鉄道の営業開始に備えて1926(大正15)年に6輛作られた最初のグループ。1949(昭和24)年3月の国鉄除籍後、東急横浜製作所で復旧工事が行われ、1949(昭和24)年12月に流山入りした。1979(昭和54)年9月30日に除籍された。

■

以上の3輛が電化に備えて投入されたすべての車輌である。投入に備えて101・102は小糸車輌、103は東急横浜製作所で改修工事が行われた。その際、HLの制御器を国鉄仕様のCS－3系に交換、マスコンは当時の小糸車輌が担当した。総括制御のためのジャンパ連結器は7芯(KE50)だった。

column **東急横浜製作所**

戦後混乱期の1946(昭和21)年6月、車輌の復旧工事を目的に横浜市金沢区の海軍工廠跡地に作られたのが東急興業横浜製作所、後の東急横浜製作所である。海軍工廠の技術者を多く雇用し、主に東京急行電鉄の車輌更新、修繕を手掛けた。元南武モハ100の復旧工事を行ったのもこの頃のことである。

1953(昭和28)年2月6日には東急車輛製造株式会社となり、東急デハ5000形、デハ200形など当時の車輌界の常識を打ち破った画期的新車を提供。さらにオールステンレスカーの開発など、電車中心の車輌メーカーとして業績を伸ばしたが、発注量にばらつきのある業界の中で業績不振に陥り、2012(平成24)年にJR東日本傘下の総合車両製作所(J－TEC)に移行して現在に至っている。

総武流山電鉄モハ103(元南武鉄道モハ106)。流山鉄道電化時に入線したうちの1輌。電化時の電動車はこのモハ100形のみで、長い間旅客輸送はもちろん、貨車の牽引にも活躍することとなった。
1968.1.27　流山
P：中村夙雄(提供：稲葉克彦)

●モハ105(元国鉄クハ6002←南武鉄道モハ113)

国鉄時代すでに電装を降ろして制御車代用になり、1953(昭和28)年6月の形式称号改正でクハ6002になっていた車輌。1954(昭和29)年4月1日廃車後、流山電鉄に発送され、改造に着手、1955(昭和30)年6月、流山の自工場で電動車に復旧、両運転式に復した。

■

これら元南武鉄道モハ100形4輌が流山鉄道の電化初期におけるすべての旅客車で、1960(昭和35)年、最初の制御車クハ51が入るまで唯一の電車として、単行または2連で使用され、時には非電化時代の旧ガソリンカーも牽引した。また貨物輸送は赤城(現・平和台)や流山から沿線の工場への引き込み線があった関係で、流山側から3往復の貨車輸送のスジがあり、これに関連して馬橋～流山間に混合列車の運転があった。

夕暮れの馬橋駅で、流山電鉄モハ101 －モハ103の2輌編成。　1960.11　馬橋　P：髙井薫平

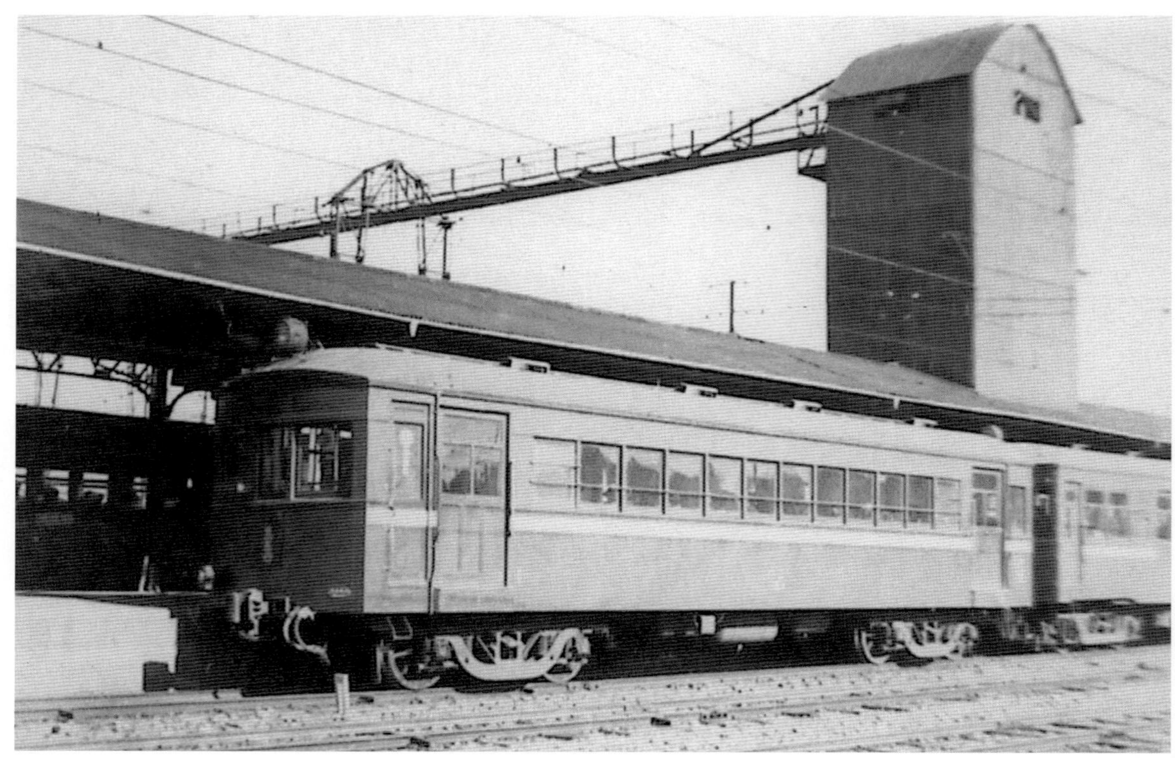

秩父鉄道クハ21。流転の人生を送った元南武鉄道モハ108の秩父での姿である。この地での活躍はわずか１年足らずに終わり、車体は遠く青森へと送られることとなる。
1951.1.15　熊谷　P：田部井康修

４－２．秩父鉄道

■会社の概要

関東平野のはずれ、秩父地方の武甲山を中心に産出される石灰石や沿線に設けられたセメント工場関連の輸送を目的に、1899(明治32) 年に設立された。かつては貨車の所有輌数が1,000輌を超えた我が国最大規模の私鉄の貨物鉄道でもあった。ただし、セメント関連の輸送が主な目的といっても、沿線には桜の名所、名勝の長瀞、夜祭で有名な秩父や三峰山など観光資源に恵まれており、歴代の電車も数多い。

電気機関車や貨車、電車も長く自社発注車輌が主体であったが、戦後の混乱期に国鉄から譲渡されたのが元南武鉄道モハ108であった。

その後も秩父鉄道は1960年代まで新造車による車輌の更新、増備を続けていたが、1979(昭和54) 年、小田急電鉄から1800形を譲り受けたのを契機に、その後、国鉄101系、東急7000系と、中古電車による更新を続け、現在は都営地下鉄や東急電鉄などからの譲受車輌が運転されている。

■秩父鉄道クハ21

●クハ21(元南武鉄道モハ108)

1949(昭和24) 年３月に国鉄除籍後、1950(昭和25) 年９月、東急横浜製作所で片運・全室運転台式の制御車として竣功させた。しかし、全長15mに満たない小型車であったため、早くも1951(昭和26) 年12月、クハユ31に改造することになった。改造といっても車体は日本車輌で標準車体が新製され、余った車体は弘南鉄道に売却、モハ2230になった。

このように秩父鉄道に南武鉄道のモハ100の走った期間はわずか１年足らずであった。

４－３．弘南鉄道

■会社の概要

現在の弘南鉄道は青森県弘前市を中心に２路線を営業する、東北地方でわずかに残った地方鉄道の雄である。弘前と黒石を結ぶ弘南線16.8kmと弘前電気鉄道を引き継いだ大鰐線弘前中央～弘南大鰐間13.9kmの２路線からなる。

弘南線は1927(昭和２) 年弘前～津軽尾上間に開業した蒸気鉄道に端を発する。電化は戦後1948(昭和23) 年のことであり、元南海の小型電車や国鉄、あるいは蒸機時代の客車を改造した制御車などによってスタートした。南武のモハ100が津軽の地で走り出したのは1955(昭和30) 年夏のことである。

大鰐線の方は1952(昭和27) 年１月26日に営業を開

弘南鉄道モハ2230(元秩父鉄道クハ21←南武鉄道モハ108)。秩父鉄道から売却されたクハ21の車体は日車D形と組み合わせ再び電装され、モハ2230となった。
1959.10.4　平賀
P：田尻弘行

始した新しい電気鉄道であった。

■弘南鉄道モハ2230

●モハ2230(元秩父鉄道クハ21)

前項の秩父鉄道クハ21(元南武鉄道モハ108)がその前身。秩父鉄道での車体載せ替えに際して残った車体を弘南鉄道が購入して、他から工面した台車や電装品と組み合わせて誕生した車輌である。

木造車クハニ1261などとMT編成を組み、２連から６連の編成で活躍した。しかし、1961(昭和36)年の弘南線1500V昇圧の時、昇圧改造の対象から外れ、デニホ51、モハ2210とともに日立電鉄に移った。

弘南鉄道モハ2230(元秩父鉄道クハ21←南武鉄道モハ108)。連結しているのは同じく買収国電の元伊那電気鉄道サハニフ400形改造のクハニ1271形。再び電動車となった元モハ108だが、この地での活躍も長くは続かず、昇圧によって今度は日立電鉄へと転じることとなる。
1959.10.4　弘前　P：田尻弘行

朝ラッシュ時の４輌編成に連結された弘南鉄道モハ2230(元秩父鉄道クハ21←南武鉄道モハ108)。モハ2230側から３輌目のモハ2210は定山渓鉄道モ101の車体を譲り受けたもの、２・４輌目のクハニ1262形は開業時の木造客車を制御車化したものである。
1957.7.16　館田－平賀　P：髙井薫平

４－４．東濃鉄道駄知線

■会社の概要

その前身は駄知鉄道といい、沿線に点在する製陶会社の製品輸送を目的に1922(大正11) 年から1924(大正13) 年にかけて新土岐津～東駄知間10.2kmが開業した。動力は蒸気であったが、その後旅客用として気動車も併用した。笠原鉄道と合併し東濃鉄道となったのは1944(昭和19)年のことである。

戦後電化の機運が高まり、1950(昭和25) 年７月１日電化工事が完成、東芝に電気機関車１輌、電動客車２輌を発注、電化に備えた。しかし、この３輌では車輌が不足するので、国鉄から元南武鉄道モハ100形３輌をトレーラーとして払下げを受けている。東濃鉄道はその後、西武鉄道からモハ151形、クハ1151形を1964(昭和39) 年から合計４輌を購入しているが、これら９輌がその後の駄知線の旅客車の全てであった。

東濃鉄道駄知線は1972(昭和47) 年７月13日、当地を襲った水害で、起点に近い土岐川鉄橋が流失するという被害を受け休止となり、その後復旧工事を進めることもなく1974(昭和49) 年10月21日、正式に廃線になった。

廃止後も車輌はしばらくの間、駄知駅構内に保管されており、元南武モハ100を含む５輌の電車が高松琴平電鉄へ譲渡されたのは休止から３年を経た1975(昭和50)年のことであった。

余談ながら、元西武の車輌はひと足先に1975(昭和50) 年に名鉄と、名鉄を介して総武流山電鉄に譲渡されており、流山では再び元南武モハ100の同僚となっている。

■東濃鉄道駄知線クハ201 ～ 203 ／モハ103

●クハ203→サハ203→モハ103 (元南武鉄道モハ104)

1951(昭和26) 年12月、電化されたばかりの駄知線に入線し、クハ203となった。東濃鉄道入りに際し、２段上昇式窓に改造されている。その後サハ203に改造、一時期、笠原線に転属していたとされているが、笠原線での写真は見たことがない。

1953(昭和28) 年に東芝の手で電動車化が行われてモハ103になった。電気品は1950(昭和25) 年、東芝で生まれたモハ101・102に合わせたものになった。1963(昭和38) 年ごろから常時２輌連結で運転されるようになると、駄知方に貫通扉が取り付けられた。1974(昭和49) 年の駄知線廃止後、高松琴平電鉄へ譲渡され1976(昭和51) 年６月に東濃時代と同じく71・72(元東濃101・102)の続番である73となった。

東濃鉄道クハ202(元南武鉄道モハ102)。コンビを組む東芝製の新造電車モハ100形は全長14.3mと小さく、車体構造の違いもあって小柄な元南武車と組んでもなお小さく見えた。
1968.6.21　土岐津付近　P：髙井薫平

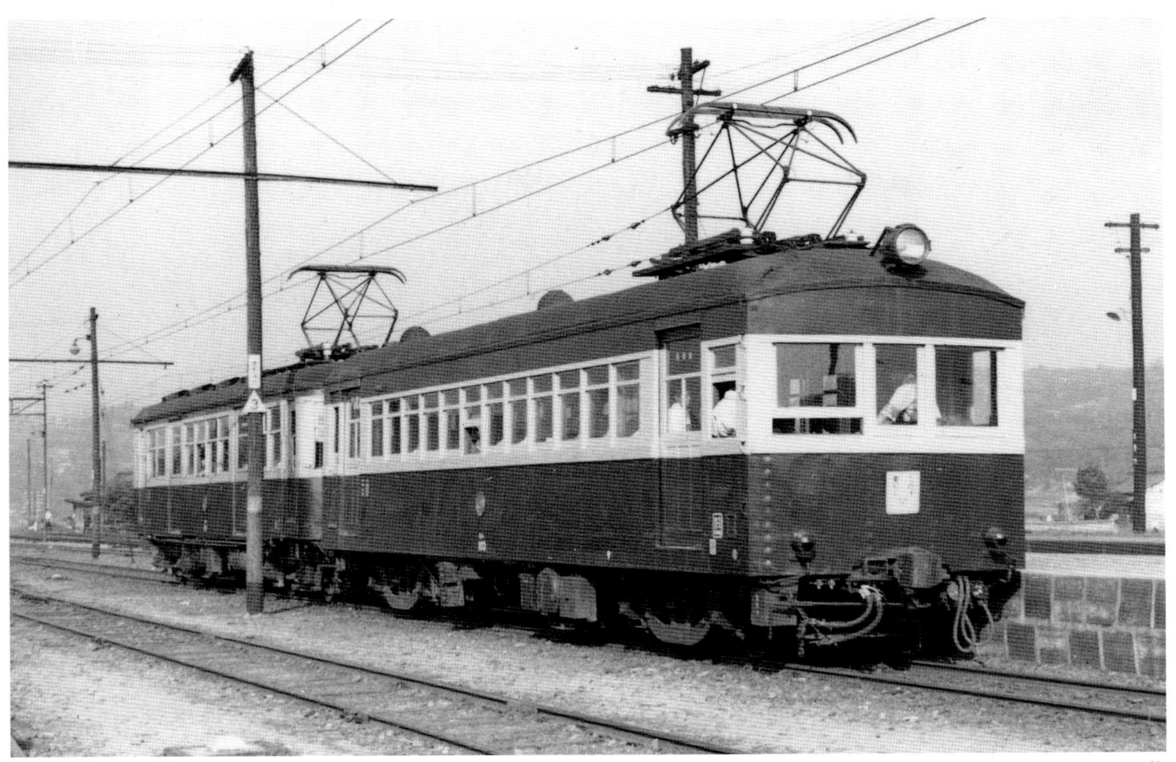

東濃鉄道モハ103(元南武鉄道モハ104)。東濃鉄道の電化時にクハとして入線したが、その後一旦サハとなり、さらに電装されたという複雑な経緯の持ち主。側窓は２段窓に変更されている。 1968.6.21 土岐津 P：髙井薫平

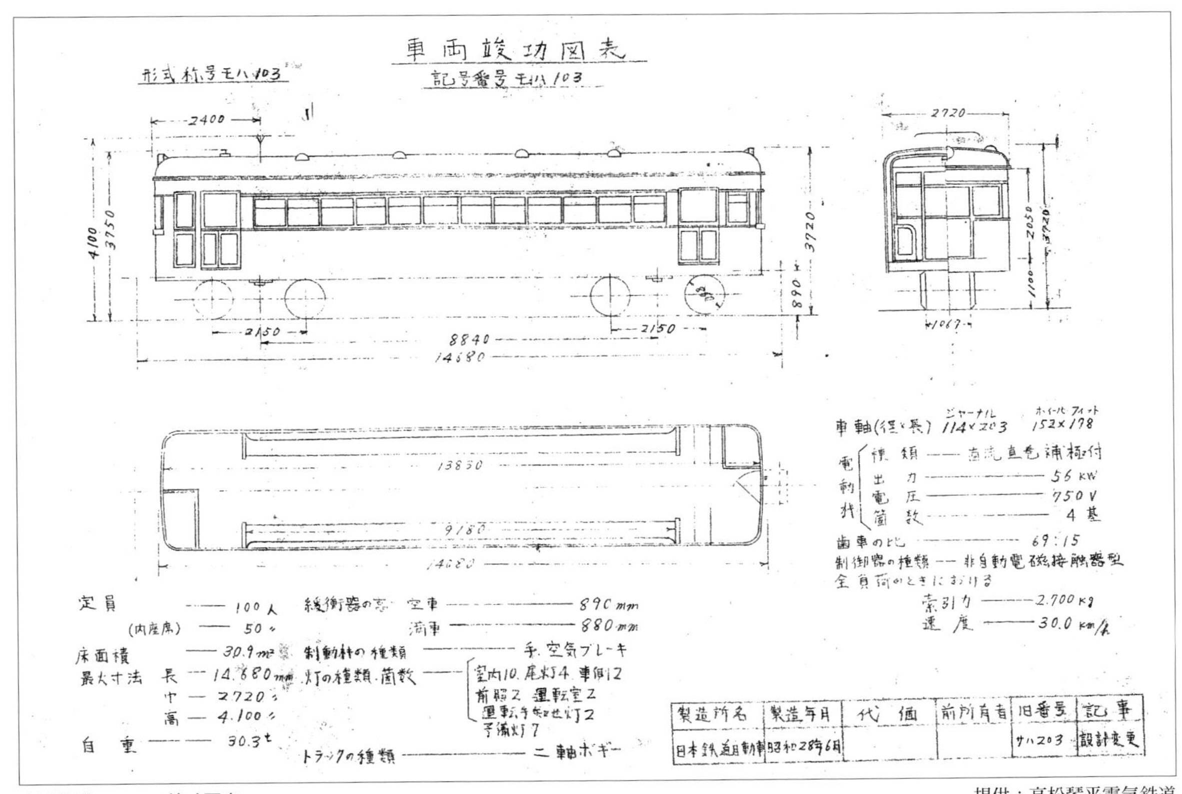

車両竣功図表

形式称号 モハ103

記号番号 モハ103

車軸(径×長) ジャーナル 114×203 ホイールフィット 152×178

電動機
- 種類 —— 直流直巻補極付
- 出力 —— 56kW
- 電圧 —— 750V
- 箇数 —— 4基

歯車の比 —— 69:15

制御器の種類 —— 非自動電磁接触器型

全負荷のときにおける
- 牽引力 —— 2.700kg
- 速度 —— 30.0km/h

定員 —— 100人

(内座席) —— 50〃

床面積 —— 30.9m²

最大寸法 長 —— 14.680mm

巾 —— 2720〃

高 —— 4.100〃

自重 —— 30.3t

緩衝器の高 空車 —— 890mm

満車 —— 880mm

制動材の種類 —— 手.空気ブレーキ

灯の種類.箇数 —— 室内10.尾灯4.車側12 前照2 運転室2 運転手知せ灯2 予備灯7

トラックの種類 —— 二軸ボギー

製造所名	製造年月	代価	前所有者	旧番号	記事
日本鉄道自動車	昭和28年6月			サハ203	設計変更

東濃鉄道モハ103竣功図表 提供：高松琴平電気鉄道

東濃鉄道クハ201(元南武鉄道モハ101)。この車輌のみアルミサッシ化とともに再び一段窓化された。　1966.8　駄知　P：田尻弘行

東濃鉄道クハ202(元南武鉄道モハ102)ーモハ103(元南武鉄道モハ104)。前頁の写真とは尾灯の形状が異なることに注意。
1966.9.8　駄知　P：久保　敏

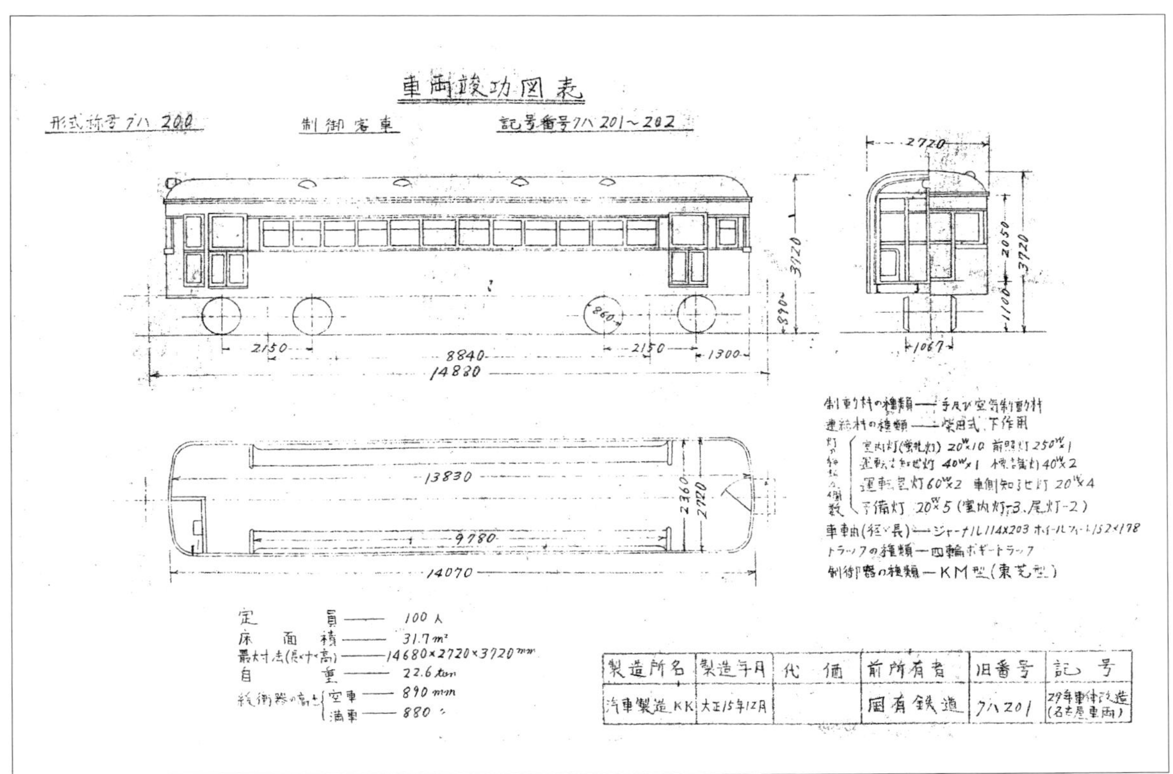

車両竣功図表

形式称号クハ200　制御客車　記号番号クハ201～202

制動機の種類——手及び空気制動機
連結機の種類——柴田式、下作用
灯の種類及個数：室内灯(蛍光灯) 20W×10　前照灯 250W×1　運転士知らせ灯 40W×1　標識灯 40W×2　運転室灯 60W×2　車側知らせ灯 20W×4　予備灯 20W×5(室内灯-3、尾灯-2)
車軸(径×長)——ジャーナル114×203　ホイールフィット152×178
トラックの種類——四輪ボギートラック
制御器の種類——KM型(東芝型)

定員——100人
床面積——31.7m²
最大寸法(長さ×巾×高)——14680×2720×3720mm
自重——22.6ton
緩衝器の高さ　空車——890mm　満車——880〃

製造所名	製造年月	代価	前所有者	旧番号	記号
汽車製造KK	大正15年12月		国有鉄道	クハ201	29年車体改造(名古屋車両)

東濃鉄道クハ201・202竣功図表　　提供：高松琴平電気鉄道

●クハ201(元南武鉄道モハ101)

モハ103(元南武モハ104)と同じ経緯で駄知線にやって来た。東芝製のモハ101・102のトレーラーとして使用し、最初は両運であったが、後に片運化、さらに土岐津方に貫通扉を取り付けた。また、この車輌の側窓は片運転台化に合わせてアルミサッシを用いた1段窓化が行われ、同時にウインドシルを含め外板の張替えを行っている。

鉄道廃止後、1976(昭和51)年に高松琴平電鉄に移り81となった。

●クハ202(元南武鉄道モハ102)

クハ201と同じ経緯で駄知線やって来た。東濃鉄道では1952(昭和27)年11月にいったん運転台を撤去してサハ202となり、1959(昭和34)年クハ202に復帰している。側窓の改造は入線時に実施され2段上昇式になった。クハ201と同じく鉄道廃止に伴い高松琴平電鉄に移り、82となった。

東濃鉄道駄知線の休止から3年、高松琴平電鉄へのお輿入れが決まり、仏生山へ搬入された東濃クハ201。標準軌への改軌を前に、仮台車のブリルMCBを履いている。琴電では81となった。　1975.12　仏生山　P：亀井秀夫

4－5．日立電鉄

■会社の概要

1928(昭和３)年12月に大甕～久慈(後の久慈浜)間2.1kmで営業を開始した常北電気鉄道は、翌年常北太田に達して当初の計画は達成した。

戦時下の1941(昭和16)年に地元企業でもある日立製作所の傘下に入り、1944(昭和19)年には社名も日立電鉄に変わった。そして戦後1947(昭和22)年には大甕から日立市内の鮎川まで路線を延長、全線18.1kmとなった。これにより、これまでの常北地区の生活路線から、延長区間にある日立製作所への通勤路線の色彩が強くなった。路線の延伸、そして高度成長による通勤客の増加のため急激な車輌不足が生じたことから、昭和20～30年代にかけて全国各地から中古電車をかき集めることになり、このとき、遠く青森の弘南鉄道からも３輌の電車を購入している。この中に元南武モハ100の車体を持つモハ2230が含まれていた。

最盛期は堂々の４輌編成も走るファンにとっては嬉しい存在であったが、1991(平成３)年から導入された元営団地下鉄銀座線2000形電車に統一された。しかし、自家用車の普及による乗客の減少はいかんともしがたく、2005(平成17)年、全線が廃止された。

日立電鉄入線３年後のモハ2230。
1965.3.28　常北太田　P：髙井薫平

■日立電鉄モハ2230

●モハ2230(元弘南鉄道モハ2230)

南武鉄道モハ108がルーツである。国鉄で廃車後、秩父鉄道、弘南鉄道と渡り歩き、1962(昭和37)年、日立入りした。

日立電鉄では車体中央に客用扉を増設、窓配置もｄＤ５Ｄ５Ｄ１の片運転台式になった。1971(昭和46)年６月、外板の張替えを行なったとき側窓を２段上昇式のアルミサッシを採用した。これはこの頃日立電鉄があちこちから集めた中古電車の近代化改造と同じ手法である。

下降式の窓を２段上昇式に改造した例は他社でも見られたが、中央に客用扉を増設して３扉車に大改造したのは南武鉄道モハ100形15輌の中では唯一であった。

南武鉄道、国鉄、秩父鉄道、弘南鉄道、そして日立電鉄と流転の生涯を送ったこの電車が廃車となったのは1979(昭和54)年９月のことであった。

▲▶日立電鉄モハ2230の外板張り替え後の姿。入線当初に比べ２段窓化され、前面窓はHゴム化、２端側の乗務員扉は撤去されている。
1975.8.6　鮎川
P：阿部一紀(２枚とも)

日立電鉄モハ2230(元弘南鉄道モハ2230←秩父鉄道クハ21←南武鉄道モハ108)。南武モハ100形15輌のうち、唯一3扉化された車輌となった。行先板からもわかるようにラッシュ時用として日中は寝ていることが多かった。　1963.10.29　鮎川　P：久保　敏

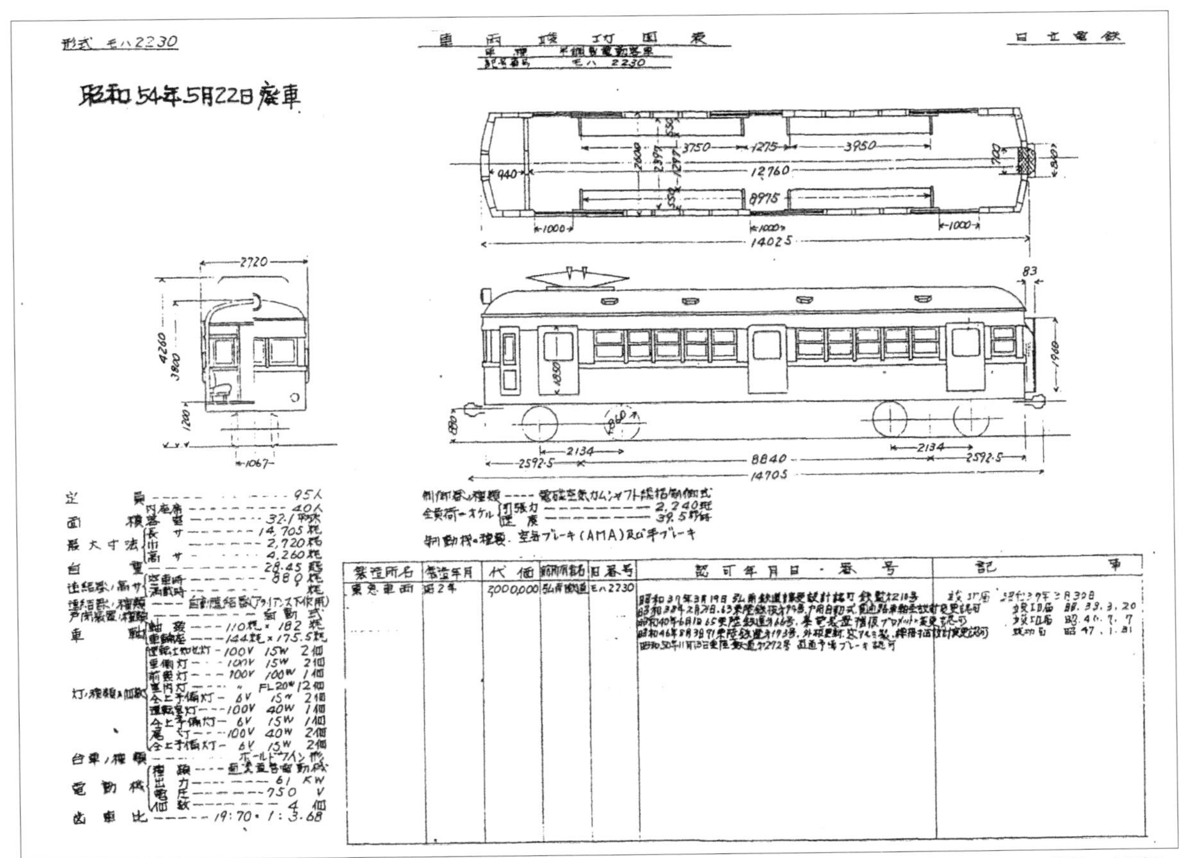

日立電鉄モハ2230竣功図表

提供：寺田裕一

熊本電気鉄道モハ121（元国鉄クハ6003←南武鉄道モハ114）。熊本入りした元南武モハ100は２輌ともクハ6000形として可部線で使用されていたもの。熊本での整備に際して２段窓化されている。
1969.1.19　上熊本　P：平井宏司（提供：久保　敏）

４－６．熊本電気鉄道

■会社の概要

1911（明治44）年から1913（大正２）年にかけて上熊本～隈府（のちの菊池）間が開業した３フィート軌間の菊池軌道が前身である。1923（大正12）年８月、改軌と600V電化が完成し、翌年４月社名を菊池電気軌道とした。当初軌道法によっていたが1942（昭和17）年５月、後に市電に譲渡される上熊本～藤崎宮前間を除いて地方鉄道になり、社名も菊池電気鉄道となった。現社名の熊本電気鉄道となったのは戦後1948（昭和23）年１月のことである。

車輌はオリジナルの車輌が主力だったが、戦後は国鉄から買収国電の小型車や木造車、大手私鉄からの車輌が主力となった。元南武鉄道モハ100形も戦後、国鉄で制御車として使用されていたものを購入したものである。

ご多分に洩れず自家用車の普及が経営を圧迫して、1986（昭和61）年２月、御代志～菊池間13.5kmを廃止、残る藤崎宮前～御代志間および上熊本～北熊本間はワンマン運転になった。車輌の統一が進んだのもこの頃で、元東急5000系の時代から、現在は20m級車体の元都営地下鉄三田線6000形や元東京メトロ銀座線01系が活躍する路線である。

熊本電鉄室園車庫に搬入され改造を待つ元国鉄クハ6001（元南武モハ112）。同じく熊本入りしたクハ6003（元南武モハ114）はひと足先にモハ121として竣功した。連なって留置されているのはモハ121・122にモーターなどを提供したモハ201・202。　1961.1.1　室園車庫　P：田尻弘行

熊本電気鉄道モハ122(元国鉄クハ6001←南武鉄道モハ112)。モハ121より旧番は若番で、国鉄でも先に廃車となりながら、熊本では後から竣功し、元6003の続番となった。　1974.11.26　藤崎宮前　P：阿部一紀

■**熊本電気鉄道モハ121・122**

●**モハ121(元国鉄クハ6003←南武モハ114)**
モハ122(元国鉄クハ6001←南武モハ112)

買収された南武モハ100は小型すぎて早くに国鉄を去ったが、そのなかで片運転台の制御車クハ6000形に改造されて国鉄の地方線区にしばらく残った4輌のうち、1955(昭和30)年6月と1956(昭和31)年3月に廃車となったクハ6001(元南武モハ112)とクハ6003(元南武モハ114)が熊本入りした。

筆者は廃車体が熊本電気鉄道の室園の工場に運び込

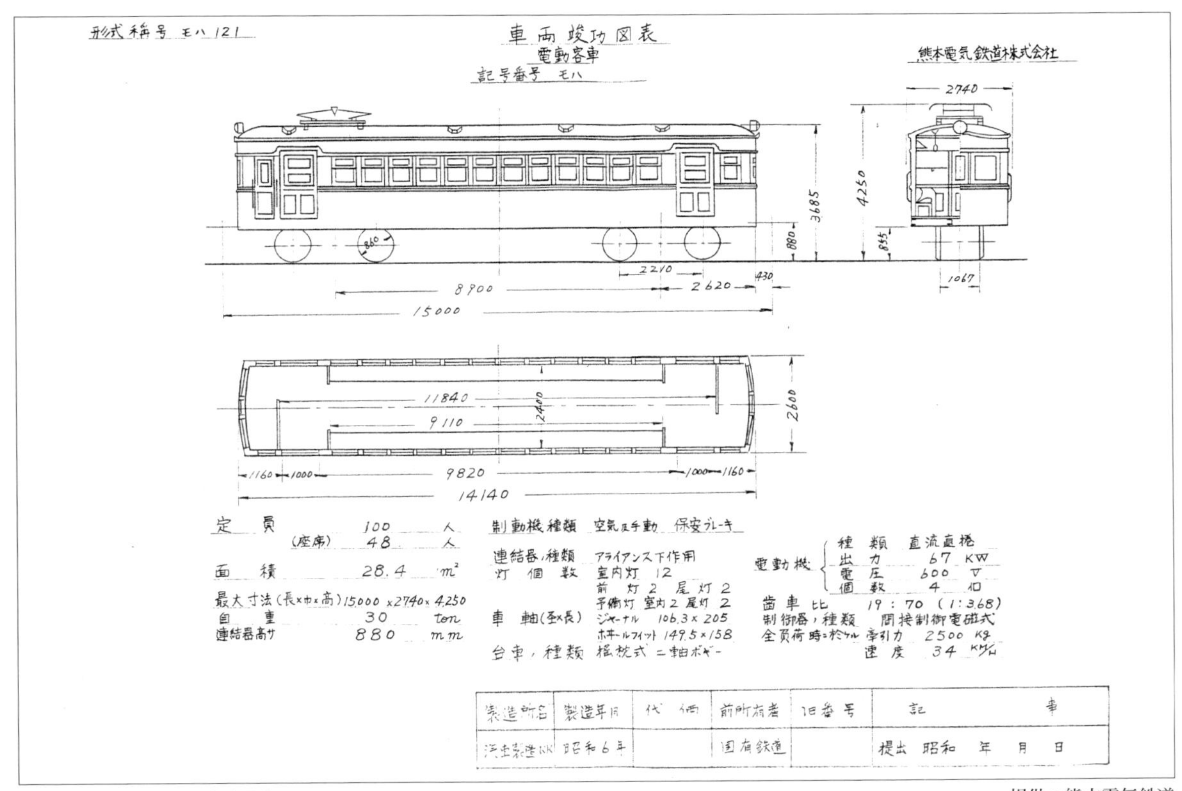
形式称号 モハ121

車両竣功図表
電動客車
記号番号 モハ

熊本電気鉄道株式会社

2740　4250　3685　880　885　860　1067
2210　430　8900　2620　15000
11840　9110　2400　2600
1160　1000　9820　1000　1160
14140

定員	100	人
(座席)	48	人
面積	28.4	m²
最大寸法(長×巾×高)	15000×2740×4250	
自重	30	ton
連結器高サ	880	mm

制動機種類　空気及手動　保安ブレーキ
連結器,種類　アライアンス下作用
灯個数　室内灯 12
前灯 2　尾灯 2
予備灯 室内 2　尾灯 2
車軸(径×長)　ジャーナル 106.3×205
ホイールフィット 149.5×158
台車,種類　揺枕式 二軸ボギー

電動機　種類 直流直捲
出力 67 KW
電圧 600 V
個数 4 個
歯車比　19：70　(1:3.68)
制御器,種類　間接制御電磁式
全負荷時ニ於ケル 牽引力　2500 Kg
速度　34 Km/H

製造所名	製造年月	代価	前所有者	旧番号	記事
汽車製造KK	昭和6年		国有鉄道		提出 昭和　年　月　日

熊本電気鉄道モハ121竣功図表　　提供：熊本電気鉄道

まれた時の留置状態を見ているが、当時、室園の側線１線に並べられていた。南武・国鉄時代と車輌番号の順序が入れ替わったのは、この留置線でたまたま手前に置かれていた6003から手を付けたためだと確信している。

入線時は片運転台の制御車であったが、自社工場でこれまた買収国電、元鶴見臨港鉄道の木造電車モハ201・202の台車、電気品を使って両運転台の電動車モハ121・122に改造した。その際、側窓を２段上昇式に改造された。廃車は1985(昭和60)年。

余談だがモーターなどを提供したモハ201・202は台車に南武鉄道モハ100形→国鉄クハ6000形のものを使ってトレーラーとして使用された。

４－７．高松琴平電気鉄道

■会社の概要

現在の高松琴平電気鉄道は琴平線(高松築港～琴電琴平間32.9km)、志度線(瓦町～琴電志度間12.5km)、長尾線(瓦町～長尾14.6km)の３線を擁する標準軌の電気鉄道である。

３線はもともと別の会社により開業したもので、もっとも歴史の長い志度線は、東讃電気軌道により今橋～志度間が1911(明治44)年に開業したのが起源。翌年の1912(明治45)年には長尾線の前身である高松電気軌道が出晴～長尾間を開業。琴平線の前身である琴平電鉄が栗林公園～滝宮間で開業したのは1926(大正15)年のことである。東讃電気軌道は四国水力電気を経て讃岐電鉄となったが、1943(昭和18)年には３社が合併し高松琴平電気鉄道が発足した。

現在、琴平線は元京浜急行や元京王、志度線・長尾線は元名古屋市営地下鉄の電車で占められているが、十数年前までは各地の鉄道で用途廃止になった電車を集めて、通称「電車博物館」としてファンの間では人気があった。廃止されて久しかった東濃鉄道駄知線からも５輌の電車を購入し、うち３輌が元南武モハ100であった。

■高松琴平電気鉄道81・82・73

南武モハ100のうち、改軌されたのは東濃鉄道を経て高松琴平電鉄に移った３輌のみである。

●81(元東濃鉄道クハ201)

元東濃鉄道クハ201で、南武鉄道モハ101がその前身。1974(昭和49)年10月の駄知線廃止後、1975(昭和50)年に四国へやって来た。高松琴平電鉄では片運転化改造を行い、台車は阪神電鉄から来た30形が付けていた高松琴平手持ちのBW-78-25-AAに交換し、1976(昭和51)年に竣功した。廃車は1998(平成10)年７月20日。南武鉄道モハ100形15輌の中でトップナンバーにして最も長命であった。

●82(元東濃鉄道クハ202)

南武鉄道モハ102が前身で、元東濃鉄道クハ202。81とほとんど同じ経過をたどって高松琴平電鉄入りした。1983(昭和58)年３月廃車。

●73(元東濃鉄道モハ103)

南武鉄道モハ104がその前身で、元東濃鉄道モハ103。高松琴平入り後は台車を元阪神のBW-78-25-AAに交換、電動車のまま標準軌に改造された。制御装置は当時の高松琴平電鉄標準であったHL制御に、主電動機はTDK-596Aに交換している。しかし、小型車ゆえ活躍の場は次第に減り、82とともに1983(昭和58)年３月廃車された。

高松琴平電気鉄道81(元東濃鉄道クハ201←南武鉄道モハ101)。琴電では同じく元東濃の72と組んで運用され、瓦町駅の改良・分離後は志度線の所属となった。南武100形15輌の一族で、最後の１輌であった。　1988.12.11　瓦町　P：久保　敏

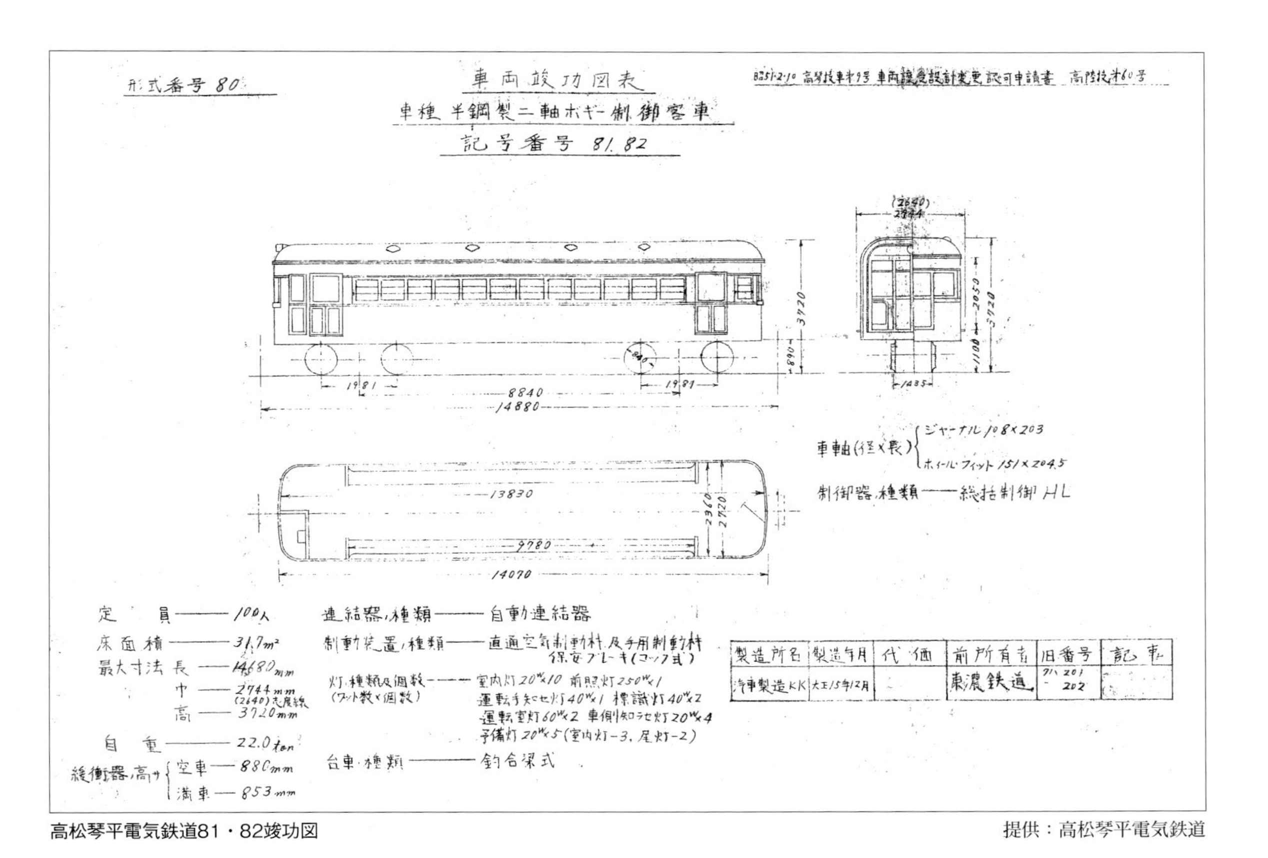

高松琴平電気鉄道81・82竣功図

提供：高松琴平電気鉄道

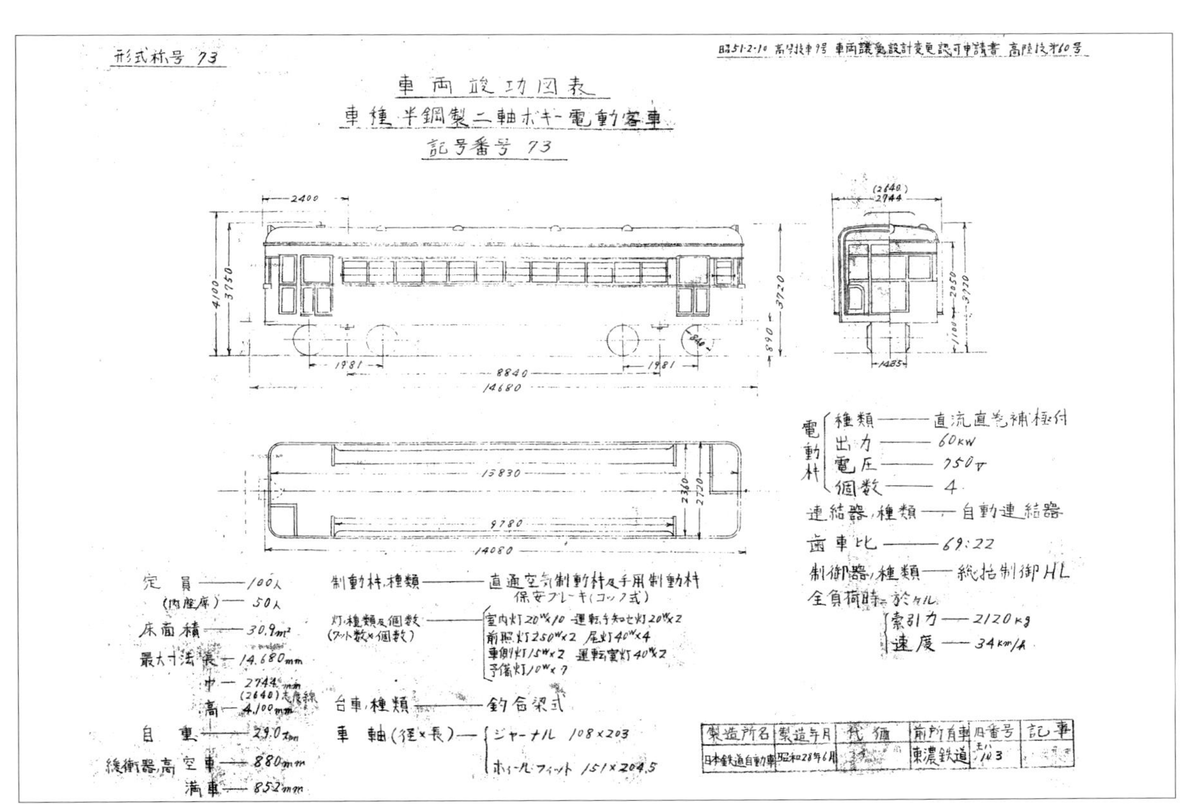

高松琴平電気鉄道73竣功図表

提供：高松琴平電気鉄道

あとがき

何度か、溝ノ口から久地まで南武線のモハ100に乗った、ぼんやりとした記憶がある。ときは終戦間もない頃の話だ。食糧調達に行く母の後を従ったわけだが、母は何かを包んだ風呂敷包みを抱えていたから、食料と交換するための着物など包まれていたのだろう。

当時、大井町線の電車が走るようになった二子玉川から先、多摩川を渡る橋は、以前玉電が通っていたころのままの道路併用橋で、単線を２輌連結の電車はのろのろと渡った。溝ノ口で南武線に乗り換えた。

溝ノ口駅は、玉電時代は駅手前で南武線に沿うように直角に曲がって南武線の武蔵溝ノ口駅の近くなっていたが、鉄道になってから南武線に直角に対峙する位置になり、少し遠くなっていた。

武蔵溝ノ口駅で待っていると、すごく古めかしい電車が２輌連結で到着。いつだったか、反対方向のホームに鮮やかな緑色に塗られた木造車が茶色の電車に挟まれて停車していた。久地ではいつも食糧を提供してくれる農家の縁側に座り、冷たい梅酒を御馳走になった。少し離れたところをバック運転の蒸気機関車の牽く貨物列車が通った。

のちに鉄道趣味が生涯の楽しみになって地方鉄道を回りだすと、あちこちで見かけた中古電車のなかに元鶴見臨港鉄道のモハ110と、元南武鉄道のモハ100があった。比較的輌数がまとまっており、ともに全長15m前後のこの２つの電車は地方私鉄では受け入れやすい車輌であった。そして、南武のモハ100は小さなころの思い出が甦って懐かしく思った。

今回、RMライブラリーとしては異例だが、買収国電の、それもかなりマイナーな１形式に絞って取り上げてみた。かつて『鉄道ピクトリアル』誌でそうそうたる趣味の諸先輩が執筆された「買収国電を探る」シリーズを頭の片隅に置きながら、思いつくまま綴ったものになった。

本著をまとめるに当たり、名取紀之前編集局長、故宮松金次郎氏のご子息慶夫さん、故荻原二郎氏のご子息俊夫さんには貴重な写真の提供を受けた。また、鉄研三田会の阿部一紀さん、亀井秀夫さん、その他多くの趣味の諸先輩に貴重な資料とアドバイスを頂戴した。また毎度のことながら髙橋一嘉副編集長には全面的なご協力をいただいた。厚く御礼申し上げる次第です。

髙井薫平（鉄研三田会会員）

●参考文献

『決定版 旧型国電車両台帳』沢柳健一・高砂雍郎（1997年ジェー・アール・アール刊）
『鉄道ファンのための私鉄史研究資料』和久田康雄（2014年電気車研究会刊）
「買収国電を探る 南武線」中川浩一（鉄道ピクトリアルNo.25所収／1953年電気車研究会刊）
鉄道ピクトリアルNo.888「特集：JR南武線・青梅線」（2014年電気車研究会刊）
鉄道ピクトリアルNo.568「特集：南武・青梅・五日市線」（2014年電気車研究会刊）
鉄道ピクトリアル各巻（電気車研究会刊）
『南武鉄道物語』五味洋治（1992年多摩川新聞社刊）
『私鉄買収国電』佐竹保雄・佐竹　晁（2000年ネコ・パブリッシング刊）
『内燃動車発達史　上巻：戦前私鉄編』湯口　徹（2005年ネコ・パブリッシング刊）
『機関車表フルコンプリート版DVDブック』沖田祐作（2014年ネコ・パブリッシング刊）
RM LIBRARY72『東濃鉄道』清水　武（2005年ネコ・パブリッシング刊）
RM LIBRARY64『日立電鉄』白土貞夫（2004年ネコ・パブリッシング刊）

富山駅で発車を待つ富山港線のクハ6000。元南武鉄道モハ105である本車は、私鉄に譲渡されることなく、この後間もなく姿を消した。　1957年　富山　P：髙井薫平